DK 677.052.76:531.781.2:677.052.32

FORSCHUNGSBERICHTE
DES WIRTSCHAFTS- UND VERKEHRSMINISTERIUMS
NORDRHEIN-WESTFALEN

Herausgegeben von Staatssekretär Prof. Dr. h. c. Leo Brandt

Nr. 378

Oberingenieur Herbert Stein

Institut für textile Meßtechnik, M.-Gladbach, e. V.

Beobachtung und meßtechnische Erfassung der Vorgänge im Spinn- und Aufwindefeld von Ringspinn- und Ringzwirnmaschinen

Als Manuskript gedruckt

WESTDEUTSCHER VERLAG / KÖLN UND OPLADEN

1957

ISBN 978-3-663-03211-3   ISBN 978-3-663-04400-0 (eBook)
DOI 10.1007/978-3-663-04400-0

Forschungsberichte des Wirtschafts- und Verkehrsministeriums Nordrhein-Westfalen

Gliederung

1. Allgemeines .... S. 5
2. Beschreibung der verwendeten Meßgeräte .... S. 11
3. Ring- und Läuferformen .... S. 21
4. Verlauf der Fadenspannungen im Spinn-
   und Aufwindefeld .... S. 24
5. Einfluß der Fadenreibung im Läufer .... S. 31
6. Die Einstellung des Läufers im Ring .... S. 37
7. Ringprofile - Läuferprofile .... S. 47
8. Das Spinnreglerproblem .... S. 48
9. Ermittlung der "Läuferunruhe" .... S. 50
10. Ring- und Ringläuferverschleiß .... S. 60
11. Zuführung von Schmiermitteln durch den Faden .... S. 69
12. Erreichbare Höchstgeschwindigkeiten .... S. 73
13. HZ-Ringe, ohrförmige Läufer .... S. 75
14. Zusammenfassung .... S. 90

Forschungsberichte des Wirtschafts- und Verkehrsministeriums Nordrhein-Westfalen

Gliederung

1. Allgemeines
2. Beschreibung der verwendeten Meßkreis-
3. Kipp- und Haltermomente
4. Verlauf der Fadenspannungen im Laufe der Anlaufzeit

1. Allgemeines

Den mit verhältnismäßig hohen Geschwindigkeiten auf den Ringbahnen von Ringspinn- und Ringzwirn-Maschinen kreisenden Läufern kommen verschiedene Aufgaben zu.

Einmal soll dem vom Lieferwerk ausgelieferten Faser- bzw. Fadenmaterial ein Drall erteilt werden. Weiterhin ist der Faden bzw. der Zwirn auf dem Cops in kegligen Lagen aufzuwinden. Hierbei muß eine bestimmte Spannung wirksam werden, welche die Ausweitung des Fadenballons zwischen Öse und Läufer begrenzt. Bei Gespinst sorgt sie für ein gutes Einbinden der Einzelfasern kurz hinter dem Streckwerkaustritt. Von der dem Faden durch den Läufer erteilten Spannung ist außerdem in weitgehendem Maße die Härte des erzeugten Copses abhängig.

Abbildung 1 zeigt schematisch das Spinn- und Aufwindefeld einer Ringspinnmaschine. Das Fadenmaterial tritt aus dem Lieferwerk S aus und wird dann durch die Fadenführungsöse Ö zum Ringläufer L und weiter zur Spindelhülse bzw. zum Cops C geführt. Bei umlaufender Spindel folgt der Läufer, durch den Faden nachgeschleppt, den Drehbewegungen und erteilt hierbei dem Fadenstück zwischen Öse und Streckwerk kurz nach Verlassen des Lieferwalzenpaares die gewünschte Drehung.

Der Läufer bleibt hierbei gegenüber der Spindel immer um einen gewissen Betrag zurück.

Für die Ermittlung der dem Faden erteilten Drehung gilt

$$T_m = \frac{n_{spi}}{L}$$

Hierin bedeuten:

T_m = Drehung je m Garnlänge
n_{spi} = minutliche Umlaufzahl der Spindel
L = Lieferung des Streckwerkes in m/min

Die Formel stimmt allerdings nur unter der Voraussetzung, daß der Faden bei seiner Weiterverarbeitung über Kopf abgezogen wird und hierbei eine zusätzliche Drahtgabe erfährt.

Während des Spinnvorganges bleibt der Läufer hinter der Spindelumdrehung zurück, und zwar um einen Betrag, welcher von der Liefergeschwindigkeit und dem Aufwindedurchmesser bestimmt wird. Die Umlaufzahl des Läufers errechnet sich aus

$$n_L = n_{spi} \frac{L}{\pi \cdot d}$$

n_L = minutliche Umlaufzahl des Läufers
d = wirksamer Aufwindedurchmesser des Cops

Bei Spinnmaschinen verlassen die den Faden bildenden Fasern das Lieferwalzenpaar des Streckwerkes praktisch parallel geschichtet. Der dem Vorgarn erteilte geringe Vordraht wird bei den Verzugsvorgängen aufgehoben. Im Spinn- und Aufwindefeld auftretende Fadenspannungen gefährden deshalb vor allem den sich bildenden Faden kurz hinter dem Lieferwerk und bringen ihn gegebenenfalls dort zum Bruch.

Die dem Faden erteilte Spannung ist in erster Linie von der Reibungskraft abhängig, die der Läufer bei seiner rasch kreisenden Bewegung auf der Ringbank erfährt.

An Hand der Abbildung 1 sind die hier gegebenen Zusammenhänge wie folgt zu beschreiben:

Beim Durchtritt des von der Öse Ö kommenden durch den Läufer hindurch zum Cops geführten Fadens entsteht dort eine Reibungskraft R_f die zusammen mit der Ballonkraft B_1 dem Fadenzug F zwischen Läufer und Aufwindepunkt am Cops das Gleichgewicht hält. Es besteht demnach die Beziehung $F = B_1 + R_f$.

Verändert sich aus irgendeinem Grunde die Fadenspannung F, so wird bei gleichbleibendem R_f der Ballonzug B_1 beeinflußt und damit naturgemäß auch die auf dem oberen Teil des Fadens unterhalb der Öse Ö wirksame Ballonkraft $B_Ö$. Durch die beiden Zugkräfte B_1 und $B_Ö$ ist die Ausbildung des Ballons und damit die Größe der Zentrifugalkraft B des zwischen Öse und Ringläufer befindlichen Fadenstückes gegeben.

Werden die an der Öse angreifenden Kräfte betrachtet, so besteht hier ähnlich wie am Ringläufer eine Beziehung zwischen der vorgenannten Fadenzugkomponente $B_Ö$ der Reibungskraft $R_Ö$ an der Öse (in der Abbildung der Übersichtlichkeit halber nicht eingezeichnet) und der gesuchten Fadenspannung zwischen Öse und Lieferwerk F_x.

Wird angenommen, daß die Reibungskraft an der Öse $R_Ö$ klein ist und praktisch keinen größeren Veränderungen unterliegt, dann wird sich die für die Beanspruchung des Fadenmaterials kritische Fadenspannung F_x mit der Ballonzugkraft $B_ö$ verändern.

Wie vorher nachgewiesen, ist jedoch $B_ö$ infolge der Abhängigkeit von B_l eine Funktion der Fadenspannung F zwischen Cops und Läufer und es ergibt sich als Endresultat, daß diese Fadenspannung F im wesentlichen die Fadenspannung F_x zwischen Öse und Lieferwerk bestimmt. Es wird also darauf ankommen, festzustellen, wie der Fadenzug F zustande kommt und nach welchen Gesetzen er sich während des Copsaufbaues fortlaufend verändert.

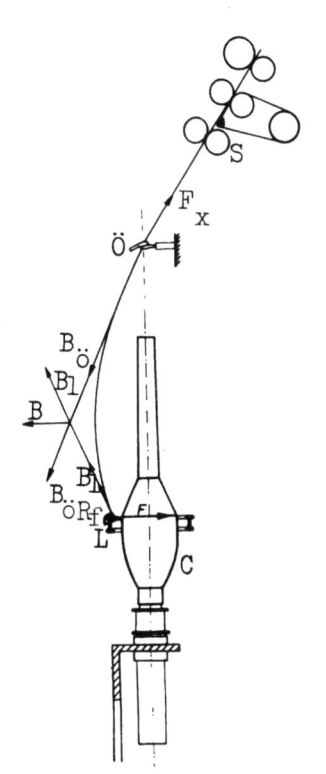

Abbildung 1

Kräfte am Fadenballon

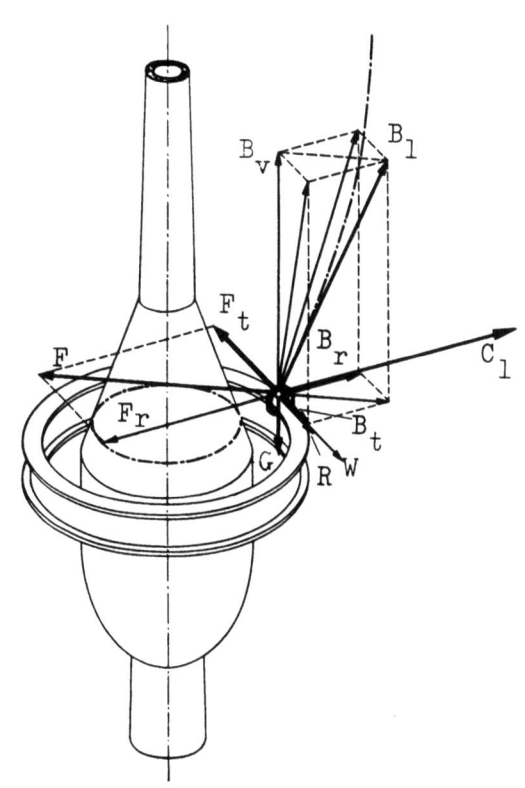

Abbildung 2

Kräfte am Ringläufer

Da der Ringläufer keinen eigenen Antrieb erfährt, muß die zu seiner Vorwärtsbewegung notwendige Kraft, d.h. die Überwindung der Reibung zwischen Läufer und Ring, notwendigerweise von einer Komponente der Fadenspannung F aufgebracht werden. Das gleiche gilt für die Überwindung des Luftwiderstandes, der auf den rasch herumwirbelnden Ballon einwirkt.

Für die sich abspielenden Vorgänge ist in erster Linie die Reibung des

Ringläufers maßgebend. Diese hängt ab von dem Reibungskoeffizienten zwischen Läufer und Ring, also einmal von den gewählten Materialarten und weiterhin von dem Anpreßdruck, mit dem der Läuferbogen am Ringflansch anliegt. In Abbildung 2 sind zusätzlich die Kräfte eingezeichnet, welche die Größe der zwischen Läufer und Ring auftretenden Reibung bestimmen.

Den Anpreßdruck erfährt der Läufer in erster Linie durch die an seinem Schwerpunkt wirksame Zentrifugalkraft C_l. Diese greift radial an und ist vom Quadrat der Geschwindigkeit abhängig.

In gleicher Richtung wirkt die gegenüber der Zentrifugalkraft wesentlich kleinere Radialkomponente B_r der Ballonzugkraft B_l. Die Vertikalkomponente B_v der Ballonzugkraft zieht den Ringläufer nach oben und läßt das Läuferfüßchen von unten her am Ringflansch anliegen. Das Eigengewicht G des Läufers dürfte im allgemeinen dieser nach oben gerichteten Ballonzugkraft gegenüber ohne Bedeutung sein.

Bewegungshemmend in Richtung der am Läufer angreifenden Reibungskraft wirkt die Tangentialkomponente B_t der Ballonzugkraft B_l, die durch das meist geringfügige luftwiderstandbedingte Nacheilen des zum Ballon ausgebauchten Fadenteiles gegenüber dem Läufer zustande kommt.

Der Einfluß der jeweiligen Ringbankstellung auf die Größe der sich ausbildenden Fadenspannungen soll zunächst unberücksichtigt bleiben und nur die Abhängigkeit der verschiedenen Kräfte und Kräftekomponenten von der minutlichen Umlaufzahl des Läufers bzw. seiner Winkelgeschwindigkeit ω betrachtet werden.

Wie bereits erwähnt, ist die Zentrifugalkraft des Läufers dem Quadrat der Winkelgeschwindigkeit ω proportional. Das gleiche gilt von der im Schwerpunkt des Ballons angreifenden Zentrifugalkraft B, von welcher der Ballonzug B_l die am Läufer wirksame Komponente darstellt. Da sich der Ballon mit der Winkelgeschwindigkeit des Ringläufers vorwärts bewegt, ist B_l im wesentlichen ebenfalls vom Quadrat der Winkelgeschwindigkeit des Läufers abhängig. Das gleiche gilt von B_r, B_v und B_t, den Komponenten dieser Kraft. Im Verhältnis hierzu spielt das Läufergewicht G keine Rolle, so daß diese Größe vernachlässigt werden kann.

Zusammenfassend läßt sich also feststellen, daß die Reibungskraft des Läufers am Ring bei konstantem Reibungskoeffizienten und gleichbleibender Ringbanklage dem Quadrat der Läufergeschwindigkeit etwa proportional ist. Wird die am Läufer wirksame Reibungskraft mit R bezeichnet, so ergibt sich mit dem Proportionalitätsfaktor f die wichtige Beziehung

$$R = f \cdot \omega^2$$

Zu untersuchen ist noch die Abhängigkeit der bewegungshemmenden, vom Luftwiderstand des Ballons herrührende Kraft B_t, die aber auch dem Quadrat der Winkelgeschwindigkeit ω proportinal ist. Die von der Fadenspannung F bzw. ihrer Komponente F_t zu überwindende Widerstandskraft W läßt sich demnach durch die nachfolgende einfache Gleichung ausdrücken

$$W = R + B_t = f_1 \cdot \omega^2$$

Unberücksichtigt ist hier allerdings eine Tatsache geblieben, auf die notwendigerweise noch hingewiesen werden muß.

Aus Abbildung 2 ist ersichtlich, daß zur Überwindung der Kraft W sich eine gleichgroße Tangentialkomponente F_t der Fadenspannung F ausbilden muß. Die Radialkomponente F_r der Fadenspannung F wirkt der Zentrifugalkraft B_l des Läufers entgegen und vermindert den Anpreßdruck des Läufers am Ringflansch. Da diese Radialkomponente bei abnehmendem Aufwindedurchmesser mit F wächst, wird der Anteil dieser Radialkomponente F_r bei kleinem Durchmesser stärker zur Wirkung kommen als bei großem und die Läuferreibung R entsprechend verringern. Das bedeutet aber, daß der von der Tangentialkomponente F_t der Fadenspannung F zu überwindende Bewegungswiderstand W bei gleicher Winkelgeschwindigkeit des Läufers nicht konstant ist.

Wenn trotzdem die Radialkomponente bei der Ableitung der vorstehenden Gleichung unbeachtet blieb, so geschah dies deshalb, weil es bei den vorstehend angestellten Überlegungen zunächst darauf ankommt, in großen Zügen die Gründe für die Änderung der sich ausbildenden Fadenspannung aufzuzeigen. Eine solche Vernachlässigung ist im übrigen umso mehr berechtigt, als die Aufstellung einer genauen Beziehung durch die Schwierigkeit der mathematischen Erfassung vieler anderer Größen, wie Einfluß der Garnnummer, der Läufernummer, des Fasermaterials und damit des Reibwertes zwischen Faden und Läufer der Einstellung des Läufers im Ring u. a. ziemlich zwecklos und im übrigen für die sich im Spinn- und Aufwindefeld abspielenden Vorgänge kaum durchführbar ist.

Wird demnach angenommen, daß die bewegungshemmende Kraft W und damit F_t bei gleichbleibender Läuferdrehzahl konstant bleiben, so läßt sich aus den Fadenspannungsdiagrammen leicht herauslesen, daß die Fadenspannungen F bei verschiedenen Durchmessern in umgekehrtem Verhältnis zu diesen stehen. Ist also bei einem Aufwindedurchmesser d_1 die Fadenspannung F_1 und entspricht dem Durchmesser d_2 die Fadenspannung F_2, so gilt

$$F_1 : F_2 = d_2 : d_1$$

Bei einem normalen Spinncops verhält sich der größte zum kleinsten Durchmesser etwa wie 2 : 1. Hieraus folgt, daß sich die Fadenspannungen F während eines Ringbankhubs bei konstanter Drehzahl sehr wesentlich verändern, was die Erzielung eines guten Garnes beeinträchtigt.

Wie sich bei den nachstehend zu behandelnden Ergebnissen durchgeführter Untersuchungen zeigen wird, weichen die in der Praxis gegebenen Verhältnisse oft erheblich von den theoretisch gemachten Voraussetzungen und den hieraus zu ziehenden Schlußfolgerungen ab. Dies gilt vor allem dann, wenn der Läufer auf der Führungsbahn des Ringes unterschiedliche Stellungen einnimmt und es dabei unter Umständen zu einer Mehrpunktberührung im Ring kommt.

Für die praktische Spinnerei haben neben Feststellungen, betreffend die Ausbildung verschiedener Fadenspannungen und die daraus resultierenden Auswirkungen, <u>Untersuchungen über die Laufdauer verwendeter Läufer</u> und über <u>Verschleißerscheinungen an den Spinn- und Zwirnringen</u> Interesse.

Die an den Berührungspunkten Läufer-Ring auftretenden Flächenpressungen erreichen im Mittel Werte von 100 - 200 g/mm^2. Oft wird nicht beachtet, daß die Läufergeschwindigkeiten unter ganz normalen Betriebsverhältnissen für Reibung Stahl auf Stahl bzw. Bronce auf Stahl unverhältnismäßig hoch liegen. Hierzu sei auf die Abbildung 3 verwiesen, die in Kurvenform erkennen läßt, um welche Wege sich bei gegebenen Spindeldrehzahlen und einem Ringdurchmesser von 50 mm der Läufer in einer Sekunde und in der Stunde vorwärts bewegen.

Ausgehend von diesen einleitend gemachten Bemerkungen ist mit dem vorliegenden Bericht zunächst einmal aufzuzeigen, welche Beobachtungs-, Meß- und Prüfeinrichtungen bei dem heutigen Stand der Technik zur Verfügung stehen, um für den Spinner und den Textilmaschinenbauer wichtige Erkenntnisse zu finden und die Ursache auftretender Schwierigkeiten festzustellen. Außerdem sollen zusammenfassend die Ergebnisse umfangreicher durchgeführter Untersuchungen besprochen und daraus Nutzanwendungen für die Praxis gezogen werden.

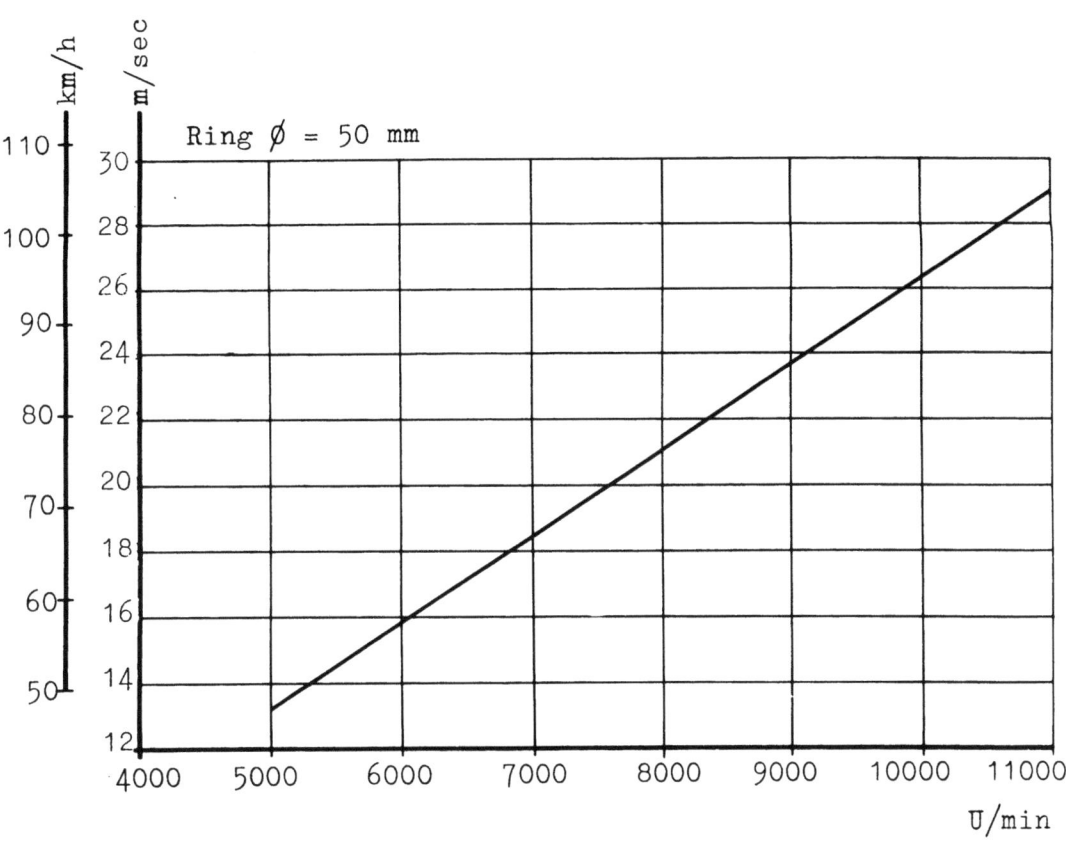

Abbildung 3
Läufergeschwindigkeit in Abhängigkeit von der Spindeltourenzahl

2. Beschreibung der verwendeten Meßgeräte

Bei einer umlaufenden Spindel sind Fadenspannungsmessungen zunächst nur durch Abfühlen des Fadenstückes zwischen Lieferwerk und Fadenführungsöse möglich. Hierbei bleibt darauf zu achten, daß durch die zu verwendende Tastrolle der Faden nur geringfügig aus seine Geradlage abgelenkt wird, da sich sonst die Drehung nicht ungehindert bis an den Klemmpunkt des Lieferwalzenpaares fortsetzen kann. In einem solchen Falle verliert das Fadenmaterial an Festigkeit und kommt unter der Wirkung der vorhandenen Fadenspannungen häufig zum Bruch.

Gegenüber Maschinen älterer Bauart wird heute ausschließlich mit bewegten Fadenführungsösen gearbeitet, sofern nicht durch eine entsprechende

Bewegung der Spindelbank dafür Sorge getragen ist, daß die Ballongröße, d.h. die Entfernung zwischen Ringbank und Fadenführungsöse während des Copsaufbaues keine übermäßig großen Veränderungen erfährt.

Bei Maschinen mit bewegter Fadenführungsöse muß zur Erzielung einwandfreier Meßergebnisse das Meßorgan genau senkrecht über der Öse angeordnet werden. Auf diese Weise ist zu vermeiden, daß die Bewegungen der Ösenbank die Anzeige störend beeinflussen.

Um die gewünschten Einblicke zu erhalten, wird es meist zulässig sein, über die betreffende Meßstelle anstelle des am Lieferwalzenpaar des Streckwerks entstehenden Gespinstes einen bereits fertigen Faden gleicher Nummer und gleicher Oberflächenbeschaffenheit zu führen, welcher hierbei eine zusätzliche Drahtgabe erhält. Eventuell ist auch aus vorgelegten feineren Fäden ein Zwirn zu erzeugen, der einen gleichen Copsaufbau ergibt. Mit dem Fühlorgan ist dann auch eine stärkere Ablenkung vorzunehmen, ohne daß eine Häufung von Fadenbrüchen befürchtet werden muß.

Während es bei einfacheren Vergleichsmessungen genügen wird, Fadenspannungskontrolluhren für die Ermittlung der Zugkräfte zu verwenden, setzt das tiefere Eindringen in die sich laufend ändernden Vorgänge den Einsatz von Meßeinrichtungen voraus, die es ermöglichen, die sich dauernd ändernden Fadenspannungen fortlaufend in Diagrammform aufzuzeichnen.

Wie später noch eingehend zu zeigen sein wird, sind bei Untersuchungen an Spinn- und Zwirnmaschinen einmal Fadenspannungsänderungen zu erfassen, die im Verlauf des Copsaufbaues auftreten und deren Größe weitgehend von der Bewegung der Ringbank bzw. bei entsprechend aufgebauten Maschinen von der Bewegung der Spindelbank abhängt. Außer solchen langsam verlaufenden Fadenzugänderungen, wie sie beispielsweise während eines Ringbankspiels beim Winden auf Kegelspitze und Kegelbasis auftreten, ist noch mit kurzzeitigen Fadenzugstößen zu rechnen, wenn der Läufer sich nicht gleichmäßig kreisend, sondern ungleichförmig schwingend, hüpfend und springend auf der Ringbahn vorwärts bewegt. Insbesondere bei exzentrisch gegenüber dem Ring sitzender Spindel oder bei schlecht ausgerichteten Fadenführungsösen treten solche Erscheinungen auf, die von Prof. Dr. JOHANNSEN sinnvoll als "Läuferunruhe" bezeichnet wurden.

Für die Aufzeichnung von Fadenzugdiagrammen über längere Zeitperioden werden zweckmäßig elektrische Tintenschreiber verwendet. Eine magnetelektrische Meßeinrichtung Type Elmataster, bestehend aus Fadenzugmeßkopf, Netz- und Verstärkergerät und elektrischem Tintenschreiber, eingesetzt an einem Spinn- und Zwirn-Prüfstand, zeigt Abbildung 4. Gemessen wird die durch den Fadenzug bewirkte Durchbiegung eines federnden Meßstabes. Durch Eichen der Meßeinrichtung vor bzw. nach den vorzunehmenden Untersuchungen kann ein Eichmaßstab gefunden und danach eine direkte Auswertung der Fadenzugdiagramme vorgenommen werden.

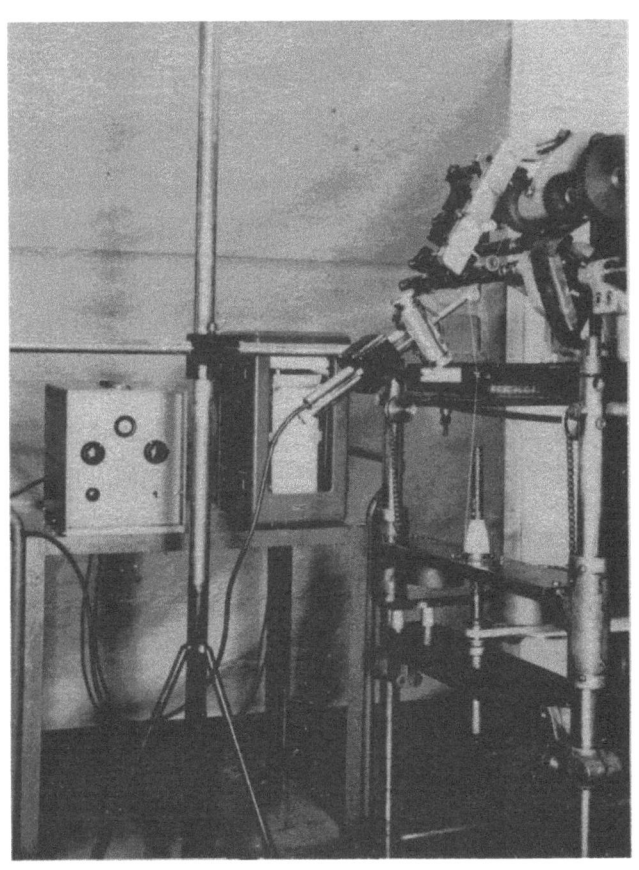

A b b i l d u n g 4
Magnetelektrische Einrichtung zur Fadenzugmessung
im Spinn- und Aufwindefeld

Wegen der Trägheit des verwendeten Tintenschreibers lassen sich mit einer solchen Meßeinrichtung nur Vorgänge erfassen, deren Schwankungsspiele die Größenordnung von 1 bis 2 Hz nicht überschreiten.

Bei Verwendung einer erhöhten Trägerfrequenz für das magnet-elektrische Meßsystem und Anschluß eines "Lichtpunktschreibers" ist die Anzeigeempfindlichkeit bzw. -geschwindigkeit zu steigern, jedoch nicht soweit zu erhöhen, daß es möglich wäre, Fadenzugänderungen zu erfassen, die sich in einer kürzeren Zeit abspielen als sie die Spindel bzw. der Läufer für eine Umdrehung benötigt.

Solche Untersuchungen können aber mit dem auf Abbildung 5 gezeigten "Elkataster", einem Hochfrequenz-Meßgerät, zur Durchführung kommen, das einen Lichtpunktschreiber oder einen Oszillographen (zweckmässig einen Kathodenstrahl-Oszillographen) und zusätzlich einen elektrischen Tintenschreiber ansteuert. Während der letztere wie bei dem vorbeschriebenen "Elmataster" Mittelwerte registriert, folgt der Kathodenstrahl-Oszillograph völlig trägheitslos den vom Meßkopf ermittelten Fadenspannungsänderungen.

Das eigentliche Meßglied besteht im wesentlichen aus einem beiderseits gehaltenen Stahlröhrchen, über das der Faden hinweggeführt wird. Die Eigenschwingungszahl liegt sehr hoch und weit außerhalb der Frequenzen, die als überlagerte Fadenzugstöße bei Untersuchungen auf Ringspinn- und Ringzwirnmaschinen auftreten können. Die an sich geringfügige und für den Meßvorgang vernachlässigbar klein bleibende Durchbiegung des Stahlröhrchens wird auf kapazitivem Wege ermittelt, wobei die Hochfrequenzmeßbrücke des unter der Bezeichnung "Textronograph" bekanntgewordenen Hochfrequenz-Gleichförmigkeitsprüfer Verwendung finden kann.

Aus Abbildung 5 ist die komplette Meßeinrichtung ersichtlich, die hierbei an einem besonderen Prüfgestell zum Einsatz kam, das für solche Untersuchungen an Ringen und Läufern besonders aufgebaut wurde. Für den Antrieb der Spindel findet ein durch kombinierte Anker-Feldregelung weitgehend und praktisch verlustlos regelbarer Gleichstrommotor Verwendung. Als Spannungsquelle und gleichzeitig als Spannungsteiler dient dabei eine 24 V Akkumulatoren-Batterie.

An die gleiche Stromquelle ist auch der Gleichstrom-Antriebsmotor für das Streck- bzw. Lieferwerk angeschlossen. Dadurch wurde es nicht nur möglich, bei einschlägigen Untersuchungen die Spindeldrehzahl beliebig zu variieren, vielmehr konnte auch die Liefergeschwindigkeit in weiten Grenzen verändert und ihre Auswirkung auf die sich ausbildenden Fadenspannungen studiert werden.

Ergänzend zu Fadenspannungsmessungen oberhalb der Führungsöse wird es erforderlich sein, weiterhin zu ermitteln, welche Fadenspannungen zwischen

Abbildung 5
Kapazitives Fadenspannungsmeßgerät mit
Oszillograph und Recordine

Läufer und Cops auftreten. Hierzu ist anstelle einer normalen Spindel eine Meßspindel zu verwenden. Deren konstruktiven Aufbau zeigt Abbildung 6. Die das Garnmaterial aufnehmende Hülse ist hierbei drehbar um den Spindelschaft gelagert. Mit Rücksicht auf die verhältnismäßig kleinen Drehmomente, die durch den Fadenzug auf den Cops übertragen werden, wurde eine Kugellagerung gewählt, um Meßungenauigkeiten durch Reibungsmomente möglichst auszuschalten. Im Betrieb hält dem Fadenzug eine kleine Schraubenfeder das Gleichgewicht, die einerseits an der Lagerung der verdrehbar angeordneten Hülse angreift, andererseits durch einen Stellring mit der eigentlichen Spindel verbunden ist.

Ein Anschlag begrenzt die Verdrehung, welche die Hülse dem Zug des Fadens folgend gegenüber der Spindel ausführen kann, auf ca. $340°$. Gleichzeitig wird hierdurch erreicht, daß die Spindel im Betrieb anzuhalten ist, wenn ein gebrochener Faden neu angelegt werden soll.

Wie die Abbildung erkennen läßt, trägt der drehbare, federnd abgestützte und die Hülse aufnehmende untere Teil der Meßanordnung einen Zeiger, der auf einer über dem Spindelwirtel angeordneten Skala einspielt. Damit bei den in Frage kommenden hohen Drehzahlen ein Ablesen der durch den

Abbildung 6
Meßspindel

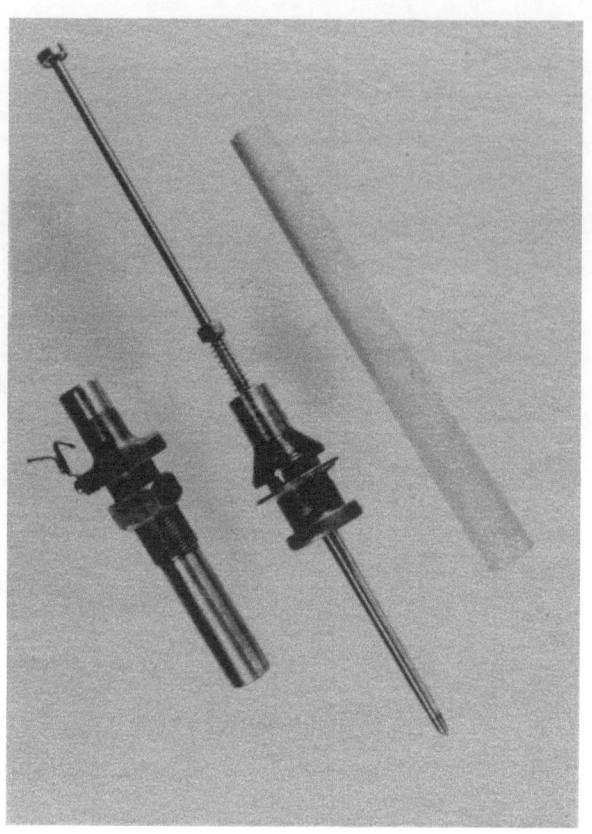

Abbildung 7
Vorrichtung zur Ermittlung der
Fadenreibung mit dem
"Dynagraph"

Fadenzug bewirkten Verdrehung der Hülse für die Aufnahme des Copses gegenüber dem Spindelschaft erfolgen kann, kommt für solche Untersuchungen ein Lichtblitzstroboskop zum Einsatz. Dabei ist die minutliche Lichtblitzfolge der stroboskopischen Lampe mit der Umlaufgeschwindigkeit der Spindel in Übereinstimmung zu bringen.

Bei der Auswertung der Meßergebnisse bleibt zu beachten, daß das auf die Spindel ausgeübte und zur Anzeige gebrachte Drehmoment von der Höhe der Fadenspannung und der Größe des jeweils wirksamen Aufwindedurchmessers abhängt. Um die Zugkraft im Faden zu ermitteln, muß deshalb noch eine Umrechnung vorgenommen werden.

Wenn es sich darum handelt, mit dem zur Verarbeitung kommenden Fasermaterial Reibwertsbestimmungen durchzuführen, dann ist hierzu zweckmäßig eine Dehnungsprüfmaschine vom Typ "Dynagraph" mit einer entsprechenden

Zusatzeinrichtung zu verwenden (Abb.7). Durch das links sichtbare Vorlaufsgerät wird der von einem Cops oder auch von einer ablaufenden Spule abgenommene Faden mit einem genau gleichbleibenden in der Größe einstellbaren Fadenzug der eigentlichen Reibvorrichtung zugeführt, die aus 2 kugelgelagerten Führungsrollen und einem Reibzylinder besteht. Dieser Reibzylinder kann aus verschiedenartigem Material hergestellt sein.

Abbildung 8
Reibvorrichtung für Untersuchungen am Ringläufer

Für Untersuchungen, die das mutmaßliche Verhalten eines Fadenmaterials beim Durchtritt durch einen Läufer bestimmen sollen, wird zweckmäßig ein hart verchromter Stahlzylinder verwendet. Anstelle dieses Zylinders kann aber auch in die Prüfeinrichtung direkt ein Läufer eingesetzt werden, den der Faden in gleicher Weise umschlingt, wie auf der Spinnmaschine selbst (Abb.8). Das in Abbildung 7 rechts sichtbare Abzugswalzenpaar zieht den Faden von dieser Reibvorrichtung wieder ab, wobei die in den Fadenlauf eingeschaltete Meßrolle einer magnetelektrischen Meßeinrichtung die Aufgabe übernimmt, die Fadenspannung abzutasten und ihre Größe in bekannter Weise mittels des angeschlossenen Tintenschreibers zu registrieren. Der Unterschied der Kraft zwischen zulaufendem und abgezogenem Faden gibt dabei ein Maß für die auftretende Reibung.

 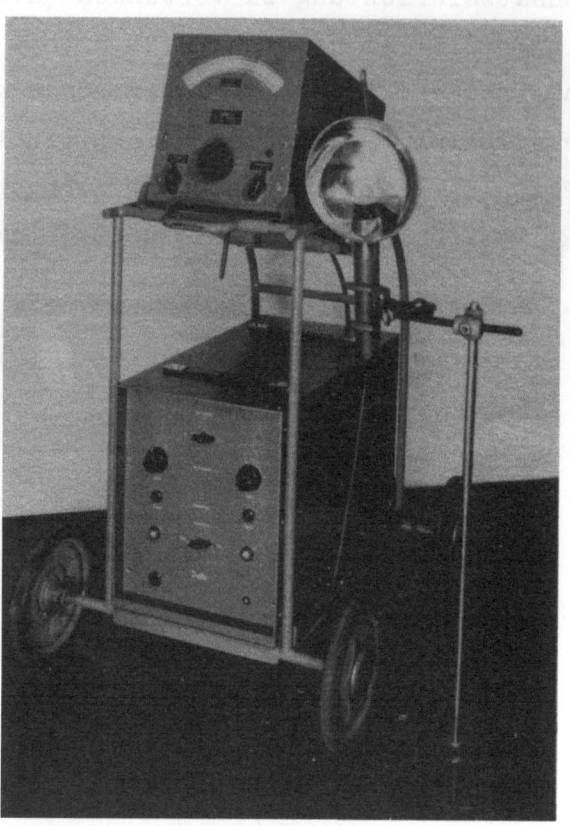

Abbildung 9
Läuferprüfstand

Abbildung 10
Lichtblitzstroboskop und Serienblitzer

Für die Ermittlung geeigneten Zahlenmaterials über den auftretenden Läuferverschleiß wurde ein besonderer Läuferprüfstand angebaut, den Abbildung 9 zeigt. Die gewählte lange Belichtungszeit läßt die Ausbildung des Ballons gut erkennen. Um alle Einflüße, die vom Faden herrühren könnten, auszuschalten, wird hierbei der Läufer in eine Fadenschleife eingehängt, deren Enden an der Spindelspitze und in geeigneter Höhe auf der Spindelhülse zu befestigen sind. Um zu vermeiden, daß der Läufer während des laufenden Versuches den Faden zerstört, findet ein Perlonmaterial Verwendung, dessen Festigkeit sich als ausreichend erwiesen hat. Mit dieser Anordnung waren aufschlußreiche Untersuchungen durchzuführen, deren Ergebnisse im Abschnitt 10 behandelt werden. Die stroboskopischen Geräte, die für die behandelten Untersuchungen Verwendung fanden, werden mit Abbildung 10 gezeigt. Oben ist das auf einem Transportwagen aufgestellte normale Drello-Lichtblitzstroboskop Type Strob 115a zu sehen.

Bei dem unteren Gerät handelt es sich um einen Serienblitzer. Dieser ist mit dem eigentlichen Stroboskop zu verbinden und hat die Aufgabe mit der jeweils eingestellten Lichtblitzfolge eine Reihe besonders heller Lichtblitze abzustrahlen. Dadurch wird es möglich auf die gleiche Platte bzw. den gleichen Film mehrere Aufnahmen zu machen, um verschiedene Phasen eines Bewegungsvorganges in einem Bild festzuhalten. Der Einzelblitzer, Abbildung 11, findet dagegen Verwendung, wenn ein im stroboskopischen Licht beobachteter Umlaufkörper in einer bestimmten Stellung fotografiert werden soll. Stroboskop und Einzelblitzer sind dabei elektrisch miteinander zu kuppeln. Um den Einzelblitzer in größeren gleichbleibenden Zeitabständen (max. 5 sec.min. 0,2 sec.) auszulösen, kann der in der Mitte von Abbildung 11 sichtbare Impulsgeber zum Einsatz kommen. Zweckmäßig übernimmt dieser die Betätigung des Kameraverschlusses über einen Magnetauslöser. Hierbei ist der Einzelblitzer an den Synchronkontakt der

Abbildung 11
Einzelblitzer, Impulsgeber und automatische
Kamera mit Magnetauslöser

Kamera anzuschließen. Die nachstehend im Abschnitt 6 behandelten Läuferaufnahmen im stroboskopischen Licht wurden mit einer automatischen Kamera durchgeführt. Damit die Läufereinstellung entlang des ganzen Ringumfanges durchzuführen war, ist die Kamera dabei auf einem drehbaren Ring befestigt worden, der gleichzeitig auch den magnetelektrischen Impulsgeber für die Ansteuerung des Lichtblitzstroboskopes aufnahm (Abb.12).

Abbildung 12
Prüfstand mit Kamera, Blitzlampe und
magnetelektrischem Impulsgeber

Die neben der Kamera sichtbare stroboskopische Lampe steht mit einem angekoppelten Einzelblitzer in Verbindung. Mit der normalen stroboskopischen Lampe kann zunächst die für die Aufnahme günstigste Stellung gesucht werden. Scheint diese gefunden, dann wird die Kamera ausgelöst. Sie gibt hierbei Impuls für den Einzelblitzer, und die zugehörige stroboskopische Lampe leuchtet phasengleich mit der für die Vorbeobachtung eingesetzten Lampe des Lichtblitzstroboskopes auf. Die große Lichthelligkeit ermöglicht trotz des geringen Abstandes der mit Zwischenringen ausgerüsteten Robot-Kamera von dem beobachteten Objekt (Läufer) eine stärkere Abblendung, womit eine ausreichende Tiefenschärfe zu erzielen ist.

In Erkenntnis, daß eine starke "Läuferunruhe" vor allem dann entsteht, wenn die Spindel nicht zentrisch im Ring sitzt, wurde ein magnetelektrisches Spindelrichtgerät entwickelt, das die Aufgabe hat, die Größe der Exzentrizität anzuzeigen. Der Meßkopf des Spindelrichtgerätes (Abb.13) wird auf den Spinnring aufgesetzt. Er enthält 2 um 90° gegeneinander versetzte Magnetsysteme. Anstelle einer normalen Hülse ist auf die Spindel ein entsprechend hergerichtetes und bearbeitetes Eisenrohr aufzuschieben. Dessen Durchmesser ist so gewählt, daß bei zentrischem Sitz gegenüber den Magnetsystemen ein Abstand von ca. 2 mm besteht. Die Meßbrücke, deren variable Zweige von den Magnetsystemen gebildet werden, befinden sich dann im Gleichgewicht, und die angeschlossenen Anzeigeinstrumente spielen auf den Wert Null ein. Ein exzentrischer Sitz der Spindel gegenüber dem Ring wird dadurch sichtbar, daß unter der Einwirkung einer unterschiedlichen Induktivität für einzelne Magnetsysteme die Anzeigeninstrumente zum Ausschlag kommen. Dabei kann sowohl die Größe der Exzentrizität als auch die Ebene, in der eine Verschiebung vorliegt, größenordnungsmäßig ermittelt, bzw. an den Anzeigeninstrumenten abgelesen werden.

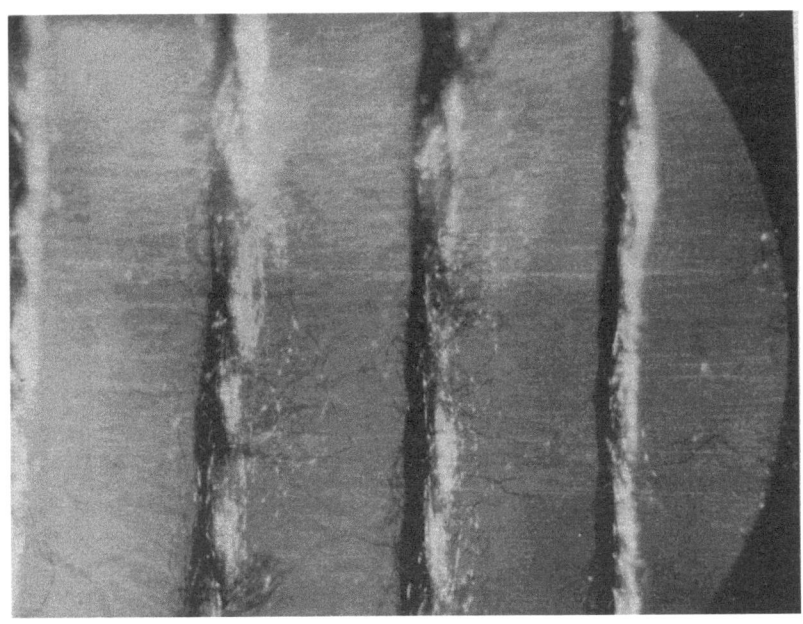

A b b i l d u n g   13
Spindelrichtgerät

3. Ring- und Läuferformen

Form und Abmessungen, insbesondere die Durchmesser der Ringe, werden durch die zur Verarbeitung kommenden Garne, außerdem durch die Konstruktion der damit zu bestückenden Spinn- oder Zwirnmaschine bestimmt. Der Leistungsfähigkeit von Ringen und Ringläufern sind gewisse Grenzen gesetzt. Das bleibt bei der Auswahl entsprechend zu beachten.

Abbildung 14 zeigt die heute gebräuchlichen Spinn- und Zwirnringe im Schnitt und vermittelt Angaben über die wichtigsten Abmessungen. Aus den Tabellen 1 und 2 sind die nach den DIN-Vorschriften Blatt 64000 bis 64001 festgelegten Ringdurchmesser ersichtlich.

T a b e l l e 1
Genormte Ringdurchmesser für Spinnringe und Klemmringe in mm

25	35	45	60
28	38	48	65
30	40	50	70
33	42	55	75

T a b e l l e 2
Genormte Nenndurchmesser für Zwirnringe, Grainringe, Flyerringe

25	35	45	65
28	38	50	70
30	40	55	75
33	42	60	--

Abbildung 15 bringt die wichtigsten Läuferformen für die verschiedenartigen Spinn- und Zwirnringe. Ergänzend hierzu zeigt Abbildung 16 fotografische Aufnahmen von den in der praktischen Spinnerei üblichen Läuferformen mit entsprechenden Bezeichnungen.

Mit den Normmaßen wird nur ein Anhalt gegeben und es bleibt bei einschlägigen Untersuchungen festzustellen, daß sich die Ring- und auch die Läuferprofile verschiedenen Fabrikates oft erheblich voneinander unterscheiden. Zu verweisen ist diesbezüglich auf Abschnitt 7, mit dem hierzu weitere Erläuterungen gegeben werden.

Eine besondere Bedeutung kommt der Profilgenauigkeit zu. Das Profil selbst wird vom Läufer und von den zu verarbeitenden Fasern bestimmt. Die mit dem Läufer in Berührung kommenden Ringkonturen sollen genau auf den Läufer abgestimmt sein, damit die Voraussetzungen für eine einwandfreie Lage während der rasch kreisenden Bewegung im normalen Betrieb gegeben sind.

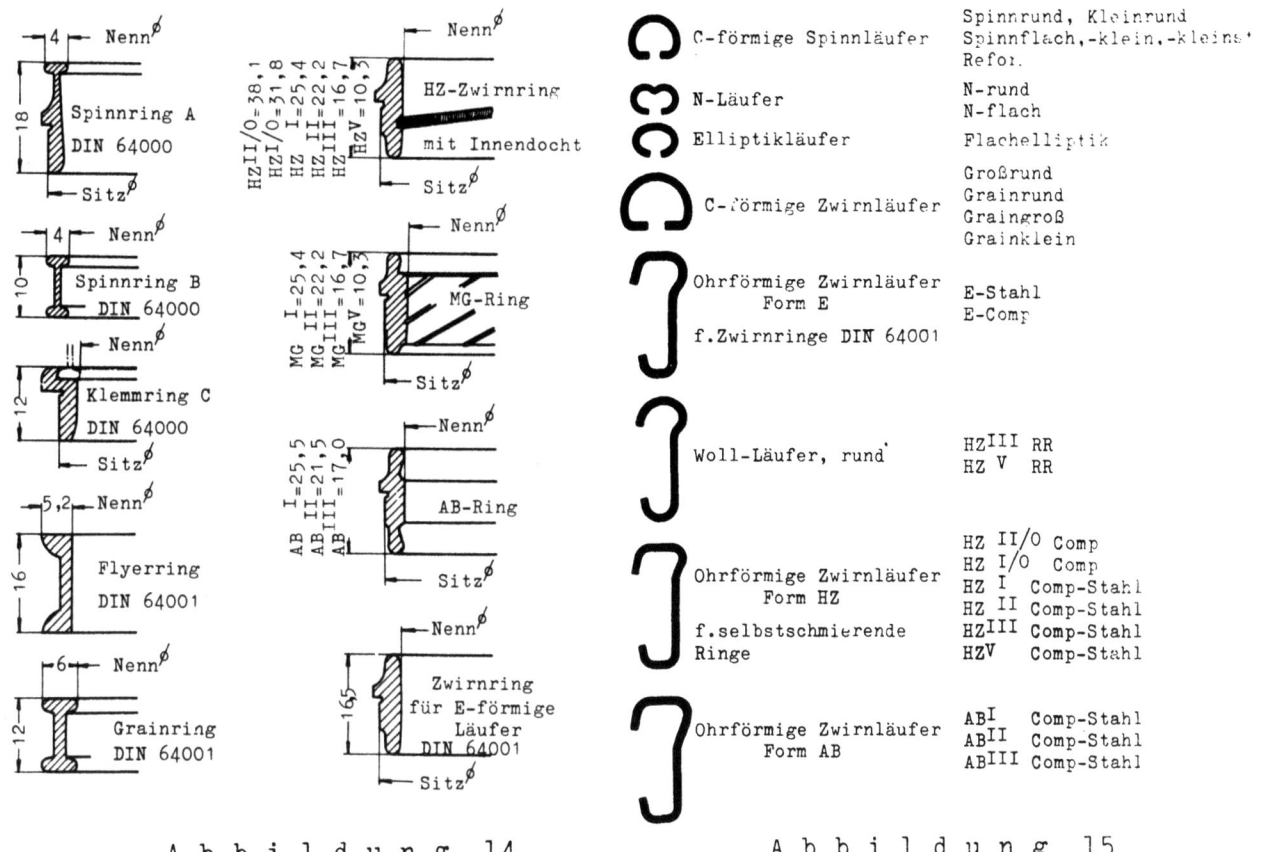

Abbildung 14
Die wichtigsten Ringformen

Abbildung 15
Die wichtigsten Ringläuferformen

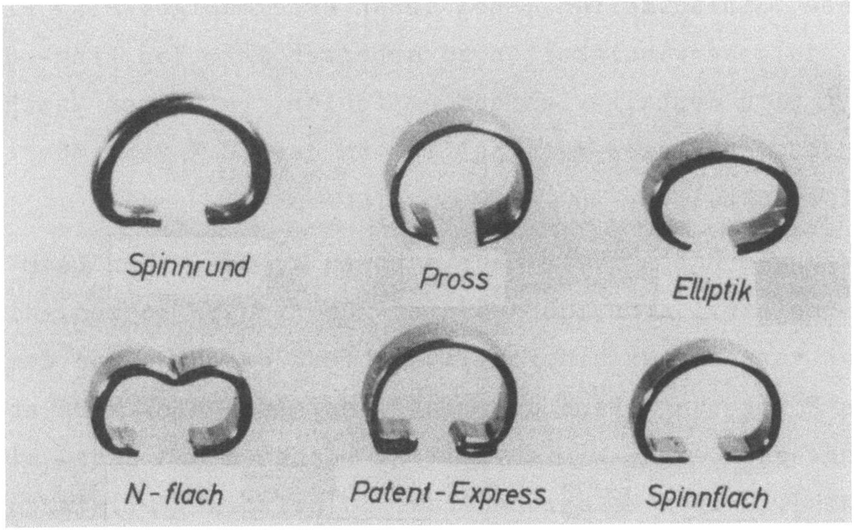

Abbildung 16
Einige Ringläufer

Bei einschlägigen Untersuchungen mußte gelegentlich festgestellt werden, daß sich die Ringprofile erheblich voneinander unterscheiden. Hiermit ist eine Erklärung dafür zu finden, daß sich gleichartige Läufer auf Ringen mit gleichen Hauptabmessungen aber unterschiedlichen Fabrikats mitunter abweichend verhalten.

Vielfach wird der Steg für die Ringe verschieden dick ausgeführt. Ein zu dicker Steg kann zur Folge haben, daß sich ein eingesetzter Läufer nicht wie vorgesehen mit seinem Bogen gegen den Ringflansch abstützt, sondern mit seinem inneren Füßchen am Steg zur Anlage kommt. Unterschiedlich sind oft auch die Neigungswinkel, mit denen der eigentliche Ringflansch zum Steg geführt wird. Da sich hier das Läuferfüßchen bzw. der Läuferbogen saugend anlegen soll, kommt zweifellos auch dieser Formgebung eine besondere Bedeutung zu.

Es bliebe anzuregen, daß sich die DIN-Normen nicht darauf beschränken, Normdurchmesser, Flanschbreiten und Ringhöhen anzugeben, daß vielmehr auch die weiteren Maße für die Ausbildung des Ringflansches in allen Einzelheiten festgelegt werden.

Großer Wert ist auf eine gute Oberflächenbeschaffenheit der Ringe, insbesondere der Ringflansche zu legen. In jedem Falle wird sich aber der Läufer seine eigentliche Laufbahn erst selbst schaffen müssen. Dies erfordert gewisse "Einlaufzeiten", bei denen zweckmäßigerweise mit herabgesetzten Spindelgeschwindigkeiten zu arbeiten ist. Von Ring- und Läuferherstellern wird deshalb vielfach empfohlen, bei neuen Maschinen bzw. bei neu eingesetzten Ringen zunächst mit um ca. 20 % verminderter Geschwindigkeit zu arbeiten.

Solche Überlegungen haben evtl. auch dann zu gelten, wenn beim Übergang auf andere Garne bzw. Garnnummern Läufer zum Einsatz kommen, die sich von den vorher verwendeten hinsichtlich ihres Gewichtes und damit auch ihrer äußeren Formgebung stark unterscheiden. Auch hier wird es für zweckmäßig angesehen, eine Einlaufzeit zu beachten und dabei mit verminderten Geschwindigkeiten zu spinnen bzw. zu zwirnen (Vgl.hierzu auch die unter Abschnitt 11 gemachten Ausführungen).

4. Verlauf der Fadenspannungen im Spinn- und Aufwindefeld

Wird mit geeigneten Fadenspannungsmeßgeräten, die in dem Fadenstück zwischen dem Lieferwalzenpaar und der Fadenführungsöse wirksame Fadenzugkraft bestimmt, dann ergeben sich Fadenzugdiagramme nach Art der Abbildung 17. Die beiden dargestellten Linien kennzeichnen die Maximal- und Minimalwerte für Winden auf Kegelspitze und Kegelbasis.

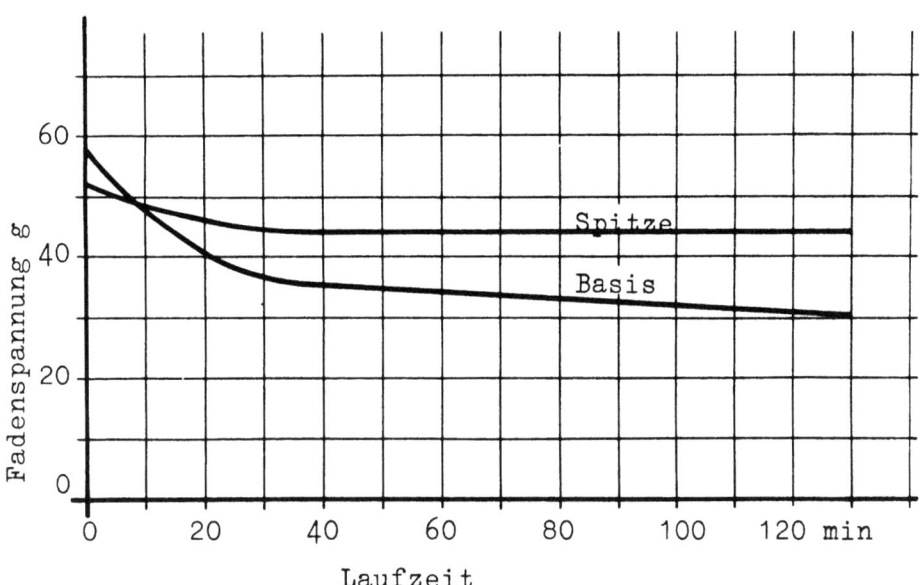

Abbildung 17
Fadenspannungsverlauf während des Copsaufbaues
Schematische Darstellung

Wenn beim Anspinnen die Werte für das Winden auf die Kegelbasis höher liegen als für das Winden auf Kegelspitze, dann bleibt dies darauf zurückzuführen, daß zunächst der "Ansatz" noch nicht gebildet ist. Dadurch wird praktisch zylindrisch aufgewunden, und die am unterschiedlich großen Ballon wirksame Fliehkraft bestimmt die sich mit auf- und abgehender Ringbank ausbildenden Fadenzugunterschiede.

Die Fadenzugdiagramme können einen von der gezeigten schematischen Darstellung abweichenden Verlauf nehmen. Von Einfluß hierauf sind das Verhältnis von Hülsen- und vollem Copsdurchmesser zum Ringdurchmesser, das Läufergewicht und die Länge bzw. das Gewicht des zum Ballon ausgebauchten Fadenteils. Dieses wird bei der normalen Ringspinnmaschine mit feststehender Spindelbank und bewegter Ringbank mit zunehmender Copsfüllung geringer. Dadurch vermindert sich der Anteil der vom Ballon herrührenden Fadenzugkraft gegenüber der Fadenzugkraft, welche die Fadenzugkomponente zwischen Cops und Läufer bzw. das Läufergewicht bestimmt.

Forschungsberichte des Wirtschafts- und Verkehrsministeriums Nordrhein-Westfalen

Ein mit dem "Elmataster" ermitteltes Fadenzugdiagramm von einer normalen Ringspinnmaschine mit feststehenden Spindeln, bewegter Ring- und bewegter Ösenbank bringt Abbildung 18. Dieses wurde im normalen Spinnprozeß aufgenommen; ihm liegen ebenso wie den folgenden Diagrammen die Abmessungen der Abbildung 19 zugrunde.

Um ein übermäßiges Ausweiten der Fadenballons bei tiefstehender Ringbank zu vermeiden, ist hierbei mit herabgesetzter Spindeldrehzahl gearbeitet worden. Im Verlauf des Copsaufbaues wurde diese dann weiter gesteigert, bis die höchstzulässige Grenze erreicht war. Erwartungsgemäß zeigen sich die Drehzahländerungen durch ein entsprechendes Anwachsen der Fadenspannungen auf.

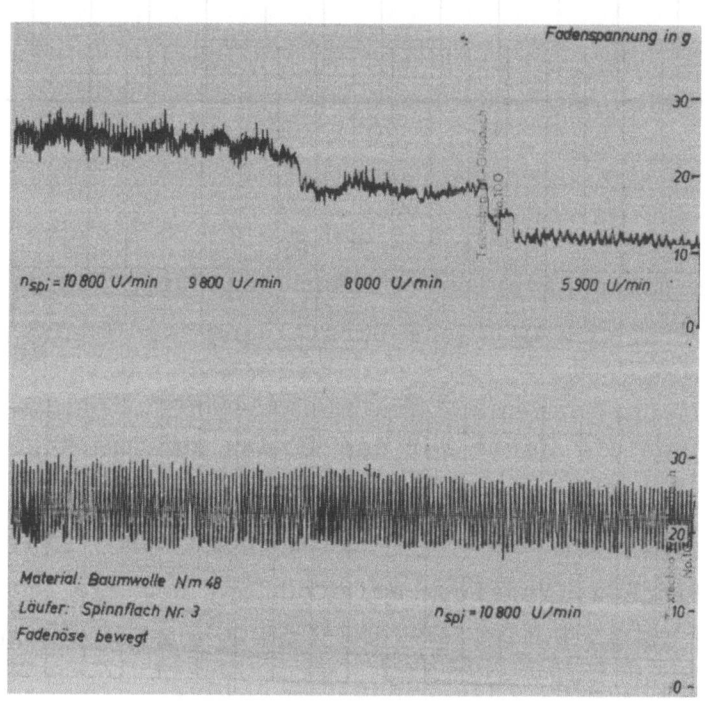

A b b i l d u n g   18
Fadenspannungsverlauf während des Copsaufbaues
Messung mit Elmataster bei verschiedenen Spindeldrehzahlen

Für Winden auf Spitze und Basis bilden sich gemäß den theoretischen Betrachtungen (vgl. Abschnitt 1) ausgesprochene "Lagenspiele" aus. Wenn diese zum Ende zu weiterhin anwachsen, dann ist dies darauf zurückzuführen, daß der Fadenballon beim Winden auf die Kötzerspitze geringere zusätzliche Fadenspannungen vermittelt als beim Winden auf die Basis, wo er stärker ausgebaucht in Erscheinung tritt. Der Abstand Ringbank-Fadenführungsöse vermindert sich fortlaufend, da die Fadenführungsöse weniger stark nach oben geschaltet wird wie die Ringbank. Die durch das Aufwinden mit unterschiedlichen Zugkomponenten bedingten Fadenzugänderungen setzen sich also immer stärker durch. Es bleibt noch darauf hinzuweisen, daß bei dem mit Abbildung 18 gezeigten Diagramm der Mittelteil herausgenommen wurde, um eine bessere Darstellung zu erreichen.

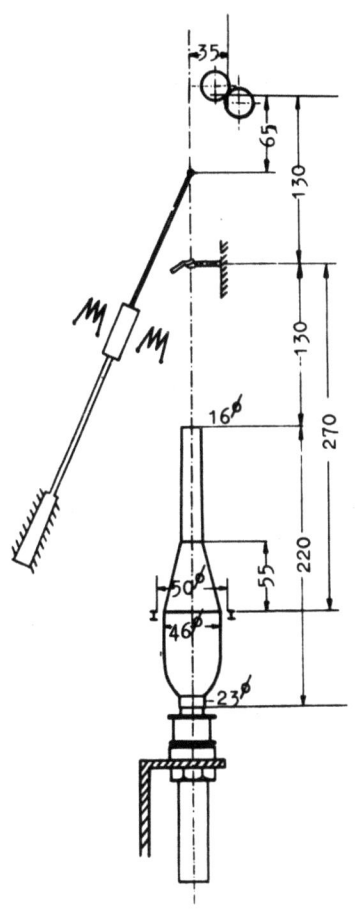

Abbildung 19
Geometrische Daten der Ver-Versuchsspindel

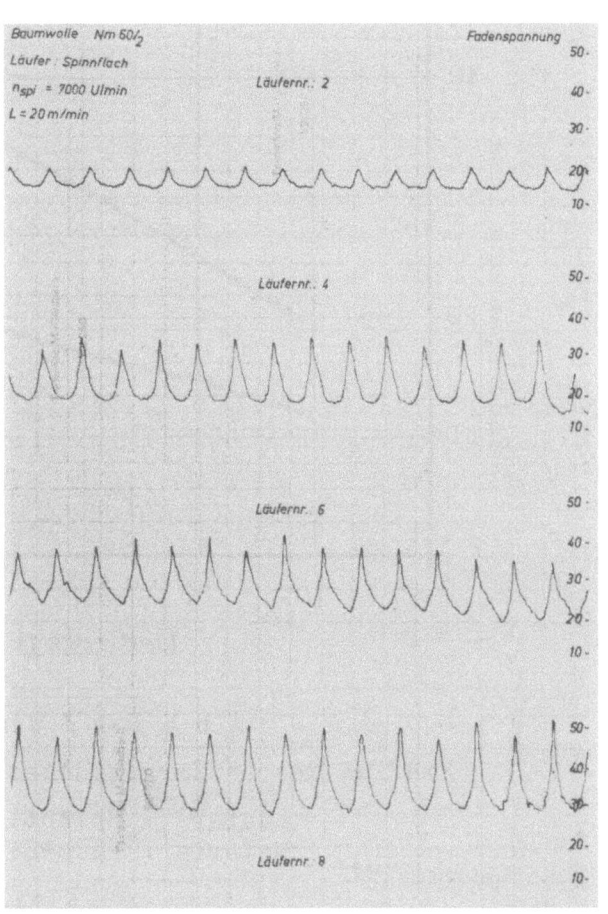

Abbildung 20
Fadenspannungsdiagramme bei verschiedenen Läufernummern

Der Einfluß unterschiedlicher Läufernummern auf die sich oberhalb der Fadenführungsöse ausbildende Fadenspannung wird nochmals anschaulich mit Abbildung 20 gezeigt. Abbildung 21 bringt aus einer entsprechenden Versuchsreihe die Auswertung in Kurvenform. Wird die Spindelgeschwindigkeit erhöht, die Liefergeschwindigkeit aber beibehalten, dann ergeben sich Fadenspannungsänderungen nach Abbildung 22. Um den Fadenzugverlauf abhängig von der Spindeldrehzahl besser erkennen zu können, wurden die Meßergebnisse auch hier in Kurvenform aufgetragen (vergl. Abb. 23).

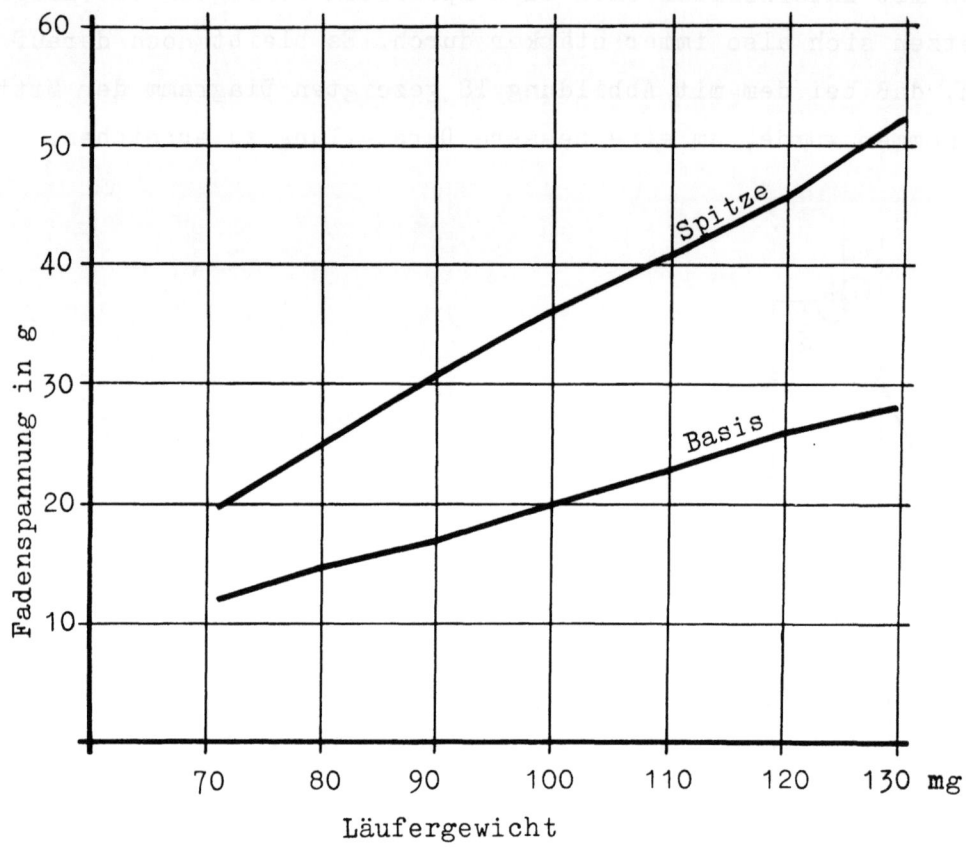

Abbildung 21

Einfluß des Läufergewichtes auf die Fadenspannung

Läufer : Spinnflach Nr. 4
Material: Baumwolle Nm 60/2

Ganz ähnliche Verhältnisse ergeben sich, wenn gleichzeitig mit der Spindeldrehzahl die Liefergeschwindigkeit heraufgesetzt wird. Das ist der in der Praxis gegebene Zustand, wo ein gemeinsamer Antriebsmotor, der meist regelbar ausgeführt ist, die Trommel für den Spindelradantrieb und das Streckwerk antreibt.

Der Einfluß der Ballongröße auf die Fadenspannung oberhalb der Öse zeigt anschaulich Abbildung 24. Die Aufnahmen wurden mit dem Elmataster durchgeführt, und danach gegenüberstellend einige Lagenspiele nach erfolgter Absatzbildung beim Winden auf noch wenig gefüllten Cops und Lagenspiele bei fast vollem Cops aufgezeichnet. Abbildung 25 ist mit Abbildung 18 zu

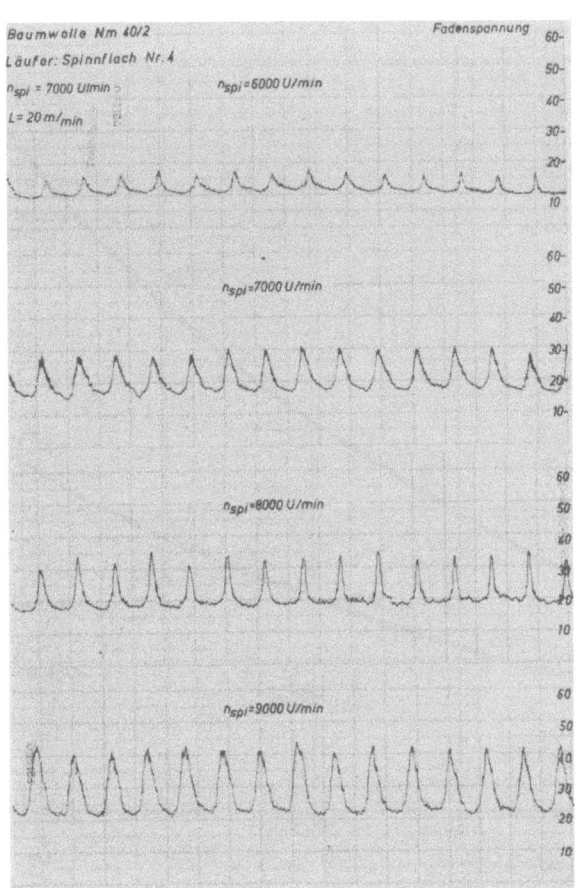

Abbildung 22
Fadenspannungsdiagramme bei verschiedenen
Spindeldrehzahlen

vergleichen und läßt, bei praktisch gleichbleibenden Durchmesserunterschieden für Spitze- und Basiswinden, erkennen wie sich der dauernd während des Hochschaltens der Ringbank abnehmende Fadenballon auf die Fadenzugkräfte auswirkt. Abbildung 26 bringt eine übersichtliche Zusammenstellung der Werte für Spitze und Basis aus Abbildung 25. Es zeigt sich deutlich, wie mit wachsender Ballonlänge die Lagenspiele relativ kleiner werden

In den zum Ballon ausgebauchten Fadenteil hinein bzw. in das Fadenstück zwischen Lieferwerk und Öse setzt sich nur ein Teil der Fadenspannung durch den Läufer hindurch fort, der in dem Fadenstück zwischen Cops und Läufer auftritt. Zu verweisen bleibt diesbezüglich auf Abbildung 2 bzw. auf die im Abschnitt 1 gegebenen Erläuterungen.

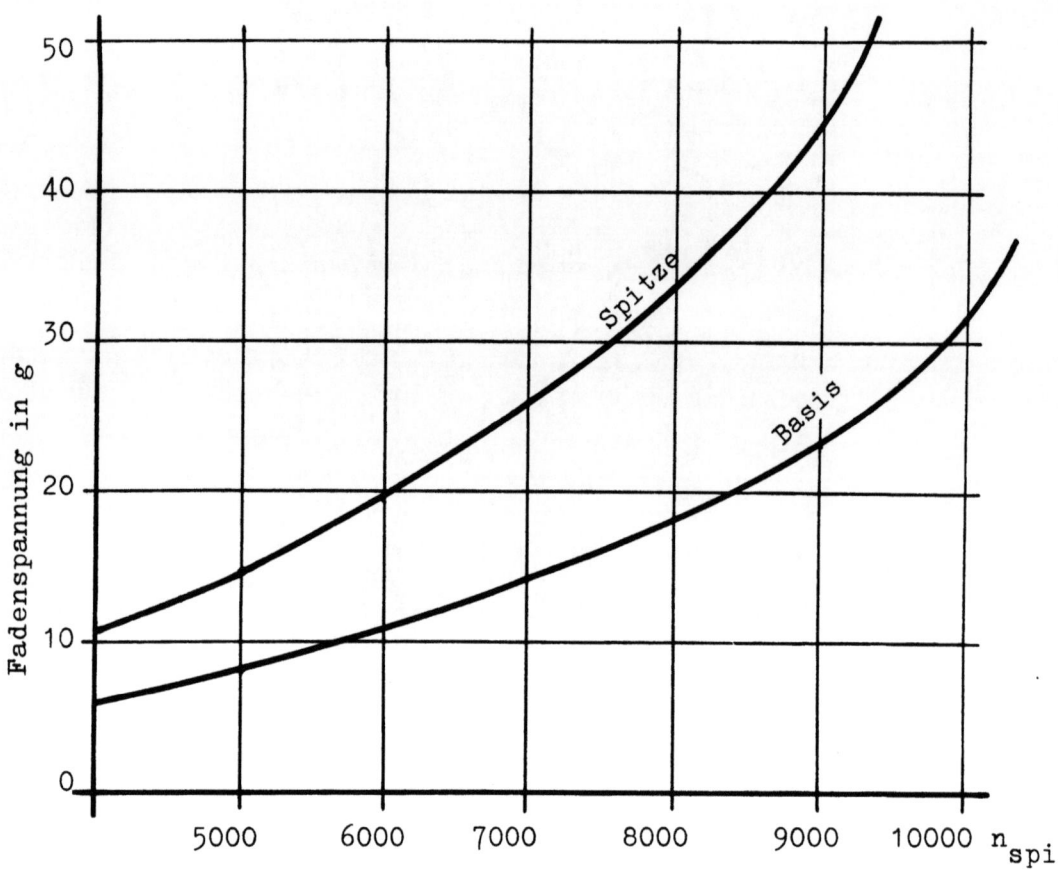

Abbildung 23
Einfluß der Spindeldrehzahl auf die Fadenspannung.
L = 20 m/min

Wenn die Fadenspannung ermittelt werden soll, die zwischen Cops und Läufer auftritt, dann ist das vom Fadenzug auf die Spindel ausgeübte Drehmoment zu bestimmen. Solche Messungen sind mit der in Abbildung 6 gezeigten Meßspindel möglich. Zu beachten bleibt, daß sich beim Auf- und Abgehen der Ringbank der Aufwindedurchmesser dauernd ändert, und daß unter Berücksichtigung des jeweils gegebenen Aufwindedurchmessers aus dem mit der Meßspindel ermittelten Drehmoment die Fadenzugkraft erst durch Umrechnung gefunden werden kann.

Aus einer größeren Anzahl von Versuchsreihen wurden die mit Abbildung 27 gezeigten Kurven aufgestellt. Sie zeigen jeweils für Winden auf Kegelbasis und Kegelspitze, bei einem bestimmten gegebenen Füllungsgrad des Copses, die im Fadenstück zwischen Cops und Läufer wirksamen Fadenzugkräfte.

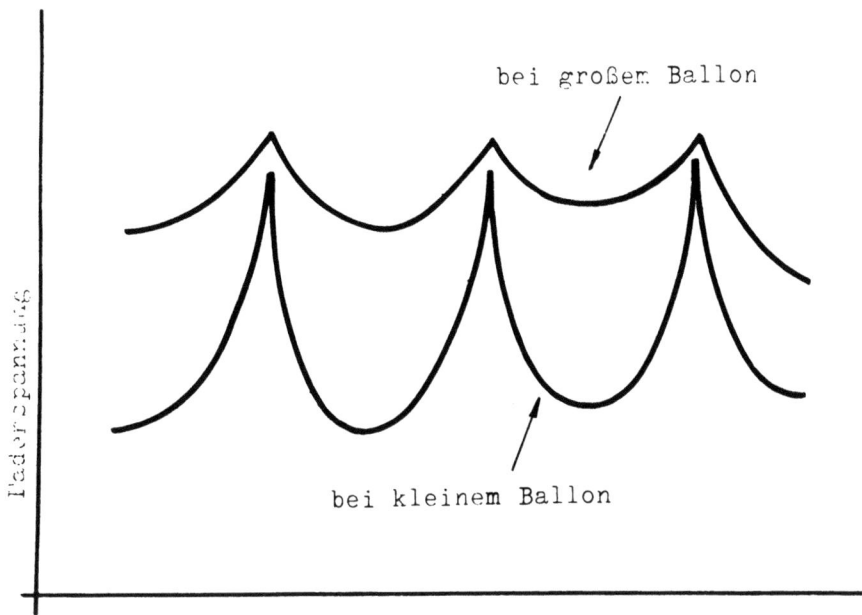

Abbildung 24

Lagenspiele bei unterschiedlicher Ballonlänge - Schematisch

Gleichzeitig wurde mit einem geeigneten Meßinstrument die Fadenspannung oberhalb der Öse ermittelt. Auch hierbei gefundene Werte sind in das Kurvenblatt eingetragen, so daß direkte Vergleichsmöglichkeiten gegeben sind.

Wie zu erwarten, zeigt sich, daß die Fadenbeanspruchung in dem Fadenstück zwischen Cops und Läufer wesentlich größer ist, als die oberhalb der Öse.

5. Einfluß der Fadenreibung im Läufer

Während des Spinn- bzw. Zwirnprozesses wird der Faden der Lieferung des Streckwerkes entsprechend langsam durch den rasch umlaufenden Läufer hindurchgezogen. Durch das Auf- und Abgehen der Ringbank und die unterschiedliche Ausbildung des Ballons erfährt diese Durchtrittsgeschwindigkeit geringfügige Veränderungen. Diese nehmen jedoch auf die Vorgänge im Spinn- und Aufwindefeld keinen nennenswerten Einfluß. Die Größe der Reibungskraft ist abhängig von dem Druck, mit dem der Faden am Läufer anliegt und von dem durch die Materialeigenschaften bedingten Reibungskoeffizienten, sowie vom Umschlingungswinkel und der Relativgeschwindigkeit zwischen Läufer und Faden.

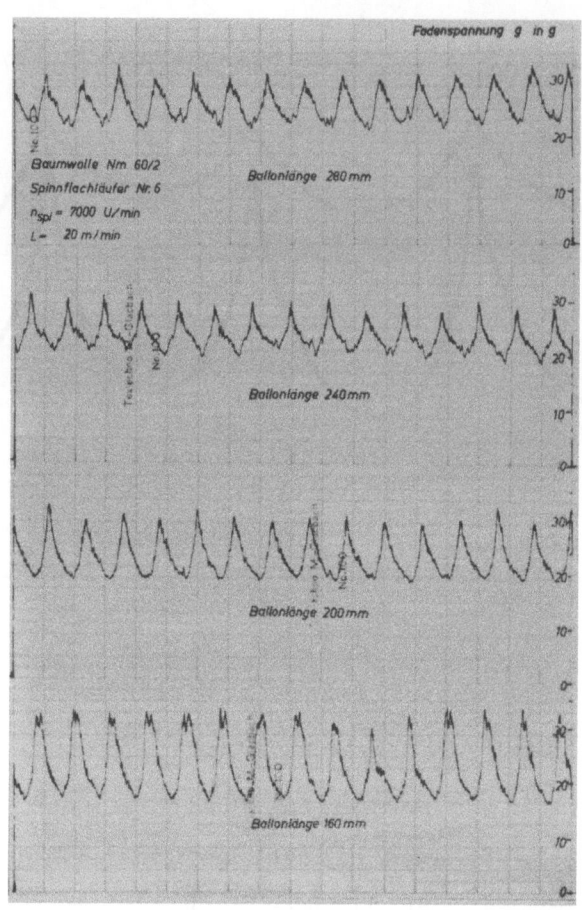

A b b i l d u n g 25
Lagenspiele bei unterschiedlicher Ballonlänge

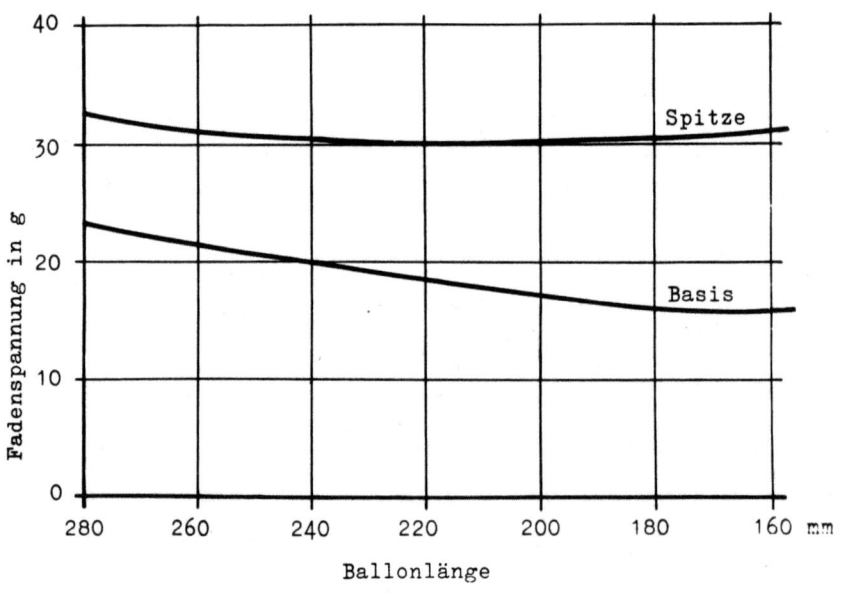

A b b i l d u n g 26
Einfluß der Ballonlänge auf die Fadenspannung

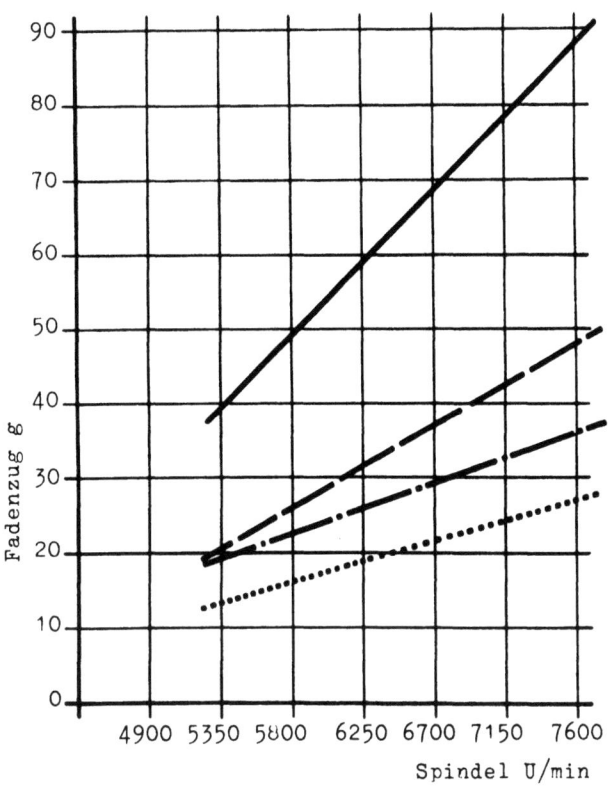

Abbildung 27

Fadenspannungen in Abhängigkeit von der Spindeldrehzahl

—————— Meßspindel: Fadenspannung Spitze

— — — — Meßspindel: Fadenspannung Basis

— · — · — Fadenspannungsmeßgerät: Fadenspannung Spitze

· · · · ·   Fadenspannungsmeßgerät: Fadenspannung Basis

Wenn sich bei verschiedenem Fadenmaterial oft ein recht unterschiedliches Verhalten der verwendeten gleichartigen Läufer zeigt, dann ist dies nicht zuletzt auf stark unterschiedliche Reibungskoeffizienten zurückzuführen. Erfahrungsgemäß nimmt hierauf die Oberflächenbeschaffenheit der verarbeiteten Fäden bzw. Fasern einen maßgeblichen Einfluß. Nicht nur die Verzugseigenschaften, die für die Vorgänge im Streckwerk von Bedeutung sind, werden durch das den Fasern anhaftende Baumwollwachs, Wollfett bzw. Schmälze oder die bei Chemiefasern aufgebrachten "Avivagen" maßgeblich beeinflußt. Wie sich beim Spinnen und Zwirnen zeigt, ist vielmehr die Oberflächenbeschaffenheit auch von großer Bedeutung für die Arbeitsweise der Läufer bzw. für dessen Einstellung im Ring.

Mit geeigneten Vorrichtungen lassen sich Reibwertsbestimmungen an Fasern und Fäden durchführen. Dabei sind aufschlußreiche Erkenntnisse und verläßliche Zahlenwerte zu finden. Für vergleichende Untersuchungen an verschiedenem Fadenmaterial wurde eine Dehnungsprüfmaschine Type Dynagraph mit der in Abbildung 7 gezeigten Reibvorrichtung eingesetzt.

Der als Reibkörper verwendete, hart verchromte Stahlzylinder hatte einen Durchmesser von 30 mm. Er wurde von dem mit immer gleichbleibender Spannung zulaufendem Faden im Winkel von 172° umschlungen. Die hinter dem Reibkörper für den Abzug des Fadenmaterials erforderlichen Belastungskräfte ermittelte die im Dynagraph eingebaute magnetelektrische Meßeinrichtung. Ergebnisse solcher Reibwertsprüfungen sind in der Abbildung 28 zusammen- und gegenübergestellt. Den gemachten Eintragungen sind dabei nähere Einzelheiten zu entnehmen.

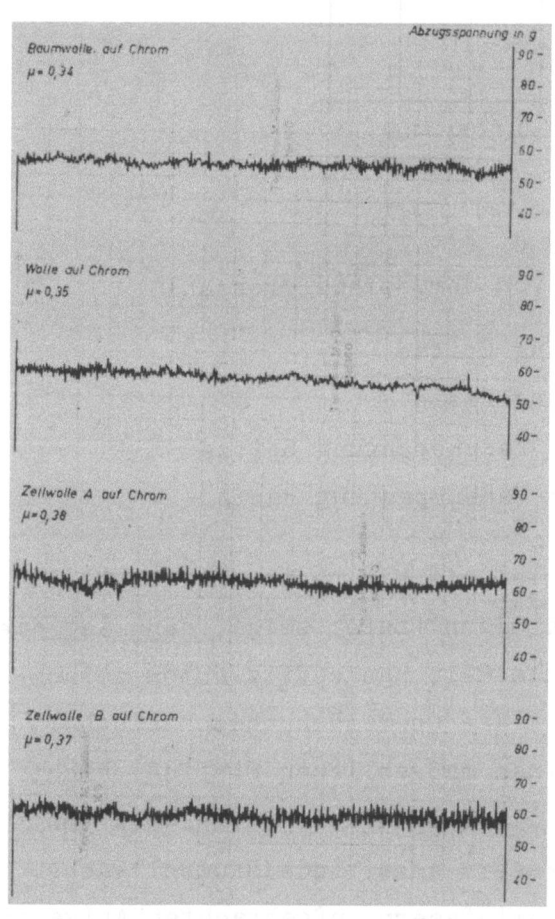

Abbildung 28
Reibkraftdiagramme

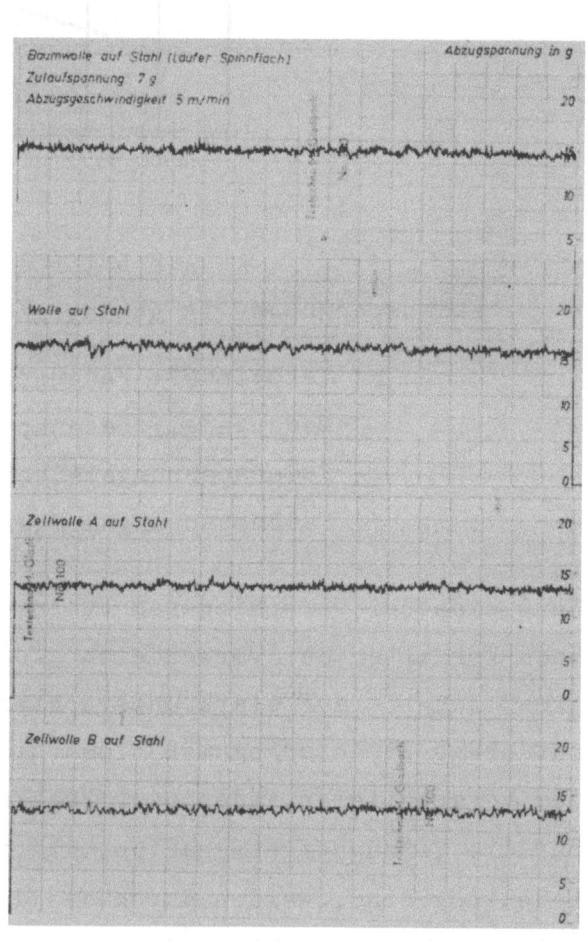

Abbildung 29
Reibungskraft zwischen Faden
und Läufer

Gegebenenfalls wird es zweckmäßig sein, Reibwerte direkt an den verwendeten Läufern zu studieren. Der Faden ist dann, wie mit Abbildung 8 gezeigt, durch einen in die Prüfeinrichtung eingeordneten Läufer so zu führen, daß sich etwa die gleiche Fadenumschlingung ergibt, wie im praktischen Betrieb auf der Ringspinn- bzw. Ringzwirnmaschine. Auch hierbei treten die Unterschiede in den Materialeigenschaften anschaulich in Erscheinung. Die Meßergebnisse der Abbildung 29 können benutzt werden, um eine Klärung herbeizuführen, wenn sich unter sonst gleichen Verhältnissen bei Verspinnen oder Verzwirnen anderer Fasern bezw. Fadenarten irgendwelche Veränderungen hinsichtlich der Wirkungsweise der Läufer bzw. der Einstellung der Läufer am Ringflansch ergeben.

Wenn die Faserreibung auf diese Vorgänge einen größeren Einfluß nimmt, dann muß dieser auch aufgezeigt werden können, wenn bei gleicher Spindel- und damit Läufergeschwindigkeit die Lieferwalzen des Streckwerkes bzw. Lieferwerkes mit unterschiedlicher Geschwindigkeit umlaufen und die minutliche Lieferung in Meter Fadengeschwindigkeit verändert wird. Eine

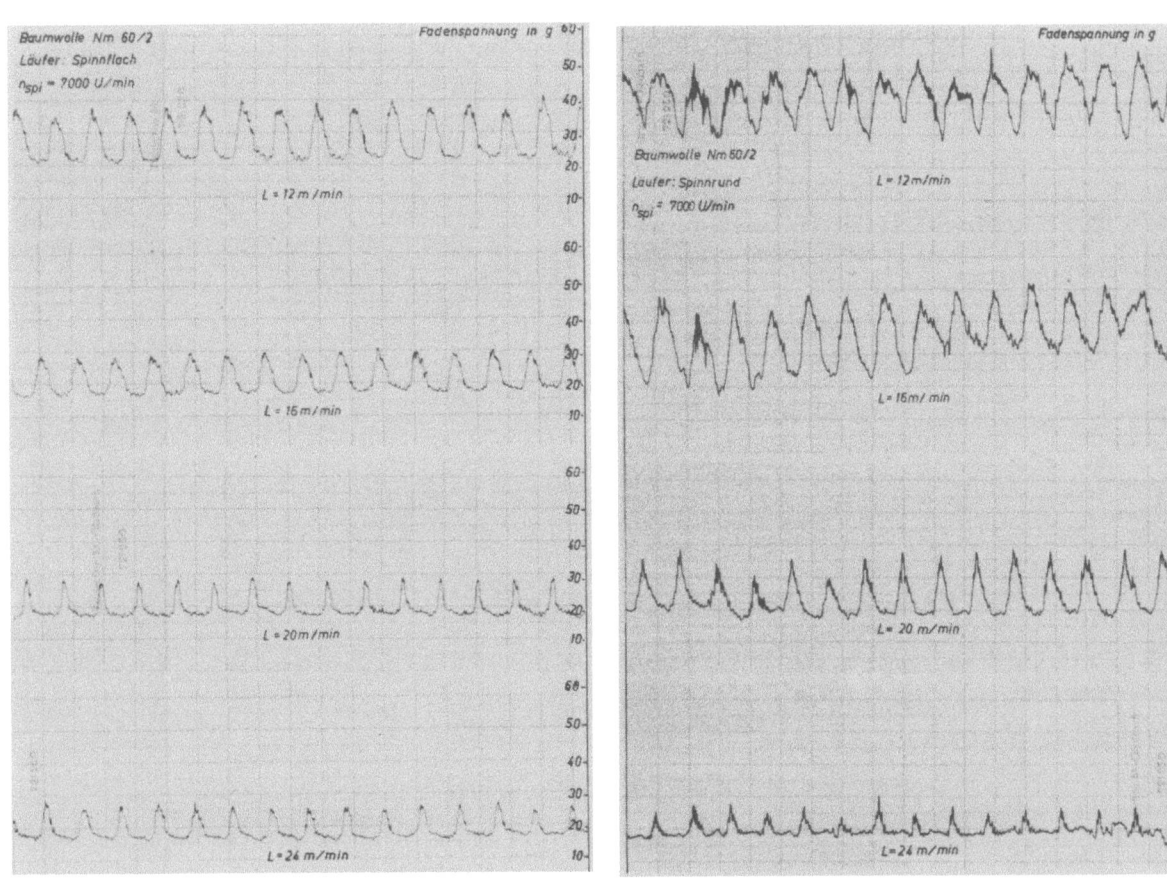

A b b i l d u n g   30   A b b i l d u n g   31

Messung der Fadenspannung bei verschiedenen Liefergeschwindigkeiten Baumwolle

Vergrößerung der Lieferung hat zwangsläufig ein stärkeres Nachbleiben des Läufers hinter der Spindel zur Folge. Gegenüber den normalerweise angewandten Spindeldrehzahlen ist die Veränderung jedoch so klein, daß sie bei angestellten Betrachtungen außer Acht bleiben kann, sofern nicht Verhältnisse nachgeahmt werden, wie sie bei Streckzwirnmaschinen vorliegen, wo dem Läufer lediglich die Aufgabe zukommt, dem mit 400 und mehr m/min ausgelieferten Fadenmaterial einen leichten Vordraht zu geben.

Damit gleichzeitig auch der Einfluß einer unterschiedlichen Oberflächenbeschaffenheit sichtbar wird, wurde vergleichend ein Baumwoll- und ein Kammgarnmaterial verzwirnt. Die mit einem Elmataster aufgenommenen Originaldiagramme bringen die Abbildungen 30/31 und 32/33.

Damit gleichzeitig auch der Einfluß der Läuferart erkannt werden kann, kamen außerdem Spinnflach- und Spinnrundläufer zum Einsatz.

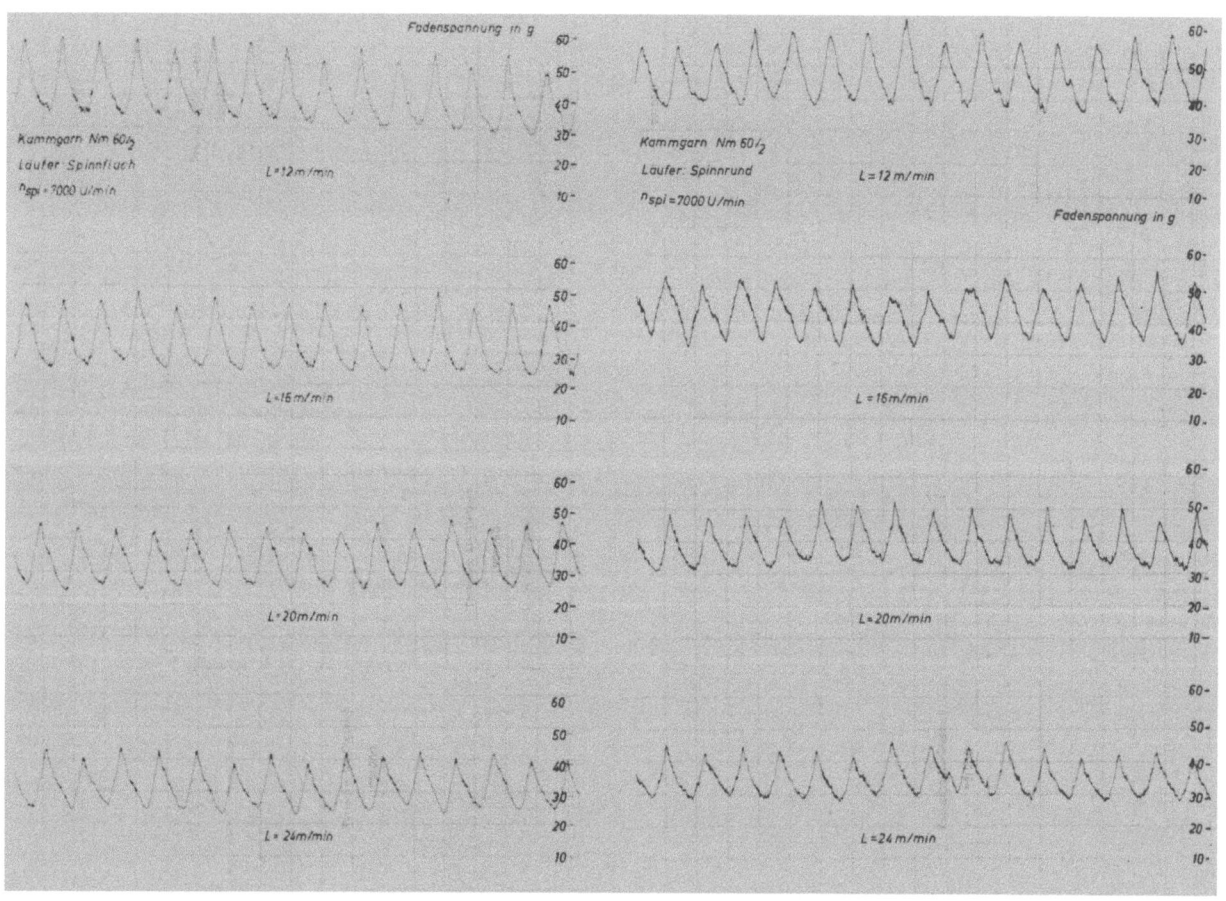

Abbildung 32   Abbildung 33
Messung der Fadenspannung bei verschiedenen
Liefergeschwindigkeiten Wolle

Einzelheiten über die Spindeldrehzahl, angewandten Liefergeschwindigkeiten, verwendeten Läufer u.a. sind aus den Eintragungen in den Diagrammblättern ersichtlich. Die Messungen wurden außerdem zahlenmäßig ausgewertet und hiernach die Kurven in den Abbildungen 34 und 35 aufgetragen. Die dabei erkennbaren Tendenzen entsprechen den gestellten Erwartungen und dürften ohne weitere Erläuterungen verständlich sein.

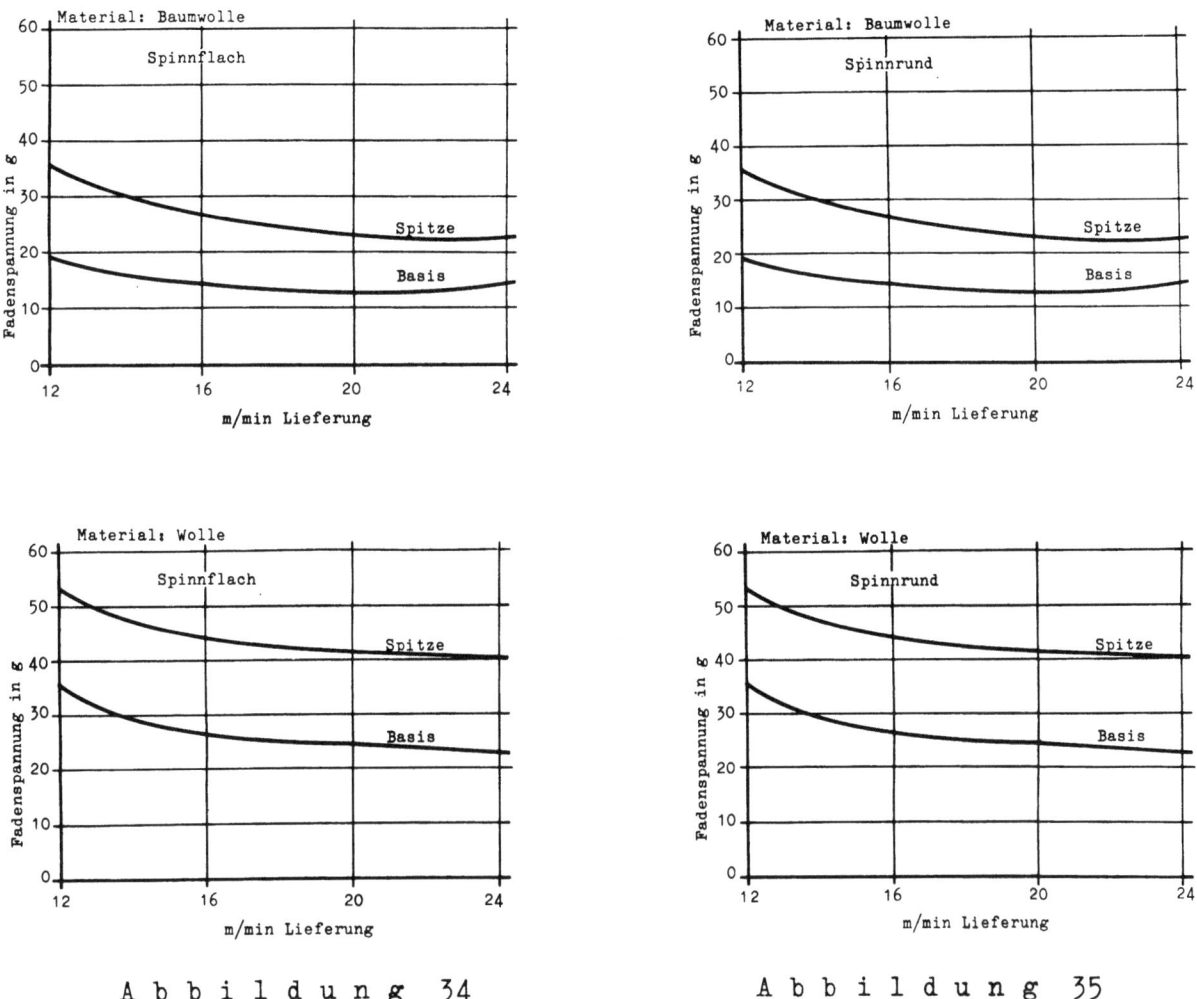

A b b i l d u n g 34   A b b i l d u n g 35

Fadenspannung als Funktion der Lieferung

6. Die Einstellung des Läufers im Ring

Ringflansch und Läuferbogen sind so ausgebildet, daß sich im normalen Betrieb der Läufer in der mit Abbildung 36 gezeigten Weise an die ihn führende Ringbahn anlegt.

Stellung bei Winden

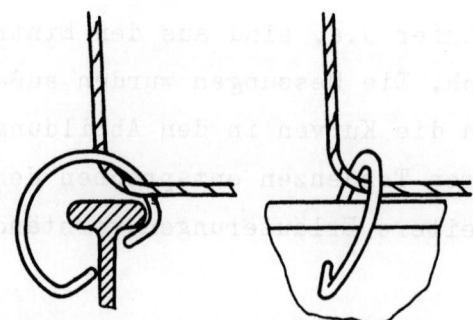

an der Basis

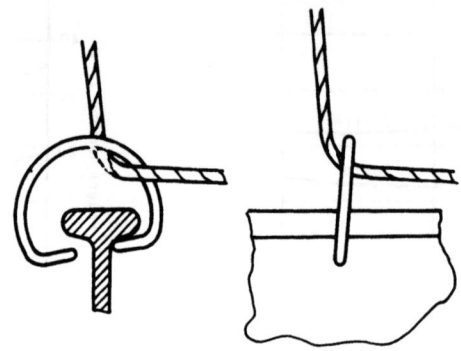

an der Spitze

A b b i l d u n g 36
Läuferlage im Ring

Ringflansch, Ringsteg und Läuferform sollen dabei so aufeinander abgestimmt sein, daß der Läuferbogen möglichst großflächig an dem Ringflansch zur Anlage kommt.

Die am Läuferschwerpunkt angreifende Fliehkraft veranlaßt den Läufer, sich um den Anlagepunkt zu verdrehen und mit seinem äußeren freiliegenden Teil nach unten zu schwenken. Dieser Neigung wirkt eine vom Fadenzug herrührende Komponente entgegen. Im normalen Betrieb soll das äußere Läuferende, wie aus Abbildung 36 ersichtlich, frei schweben und ohne jede Berührung mit Ringflansch bzw. Ringsteg bleiben.

Wie stroboskopische Beobachtungen zeigen, wird sich durch den auf dem Läuferbogen wandernden Angriffspunkte des Fadens und die sich ändernden Fadenzugskomponenten für Winden auf die Kegelspitze ein geringerer, beim Winden auf die Kegelbasis dagegen ein größerer Durchhang des Läufers ergeben.

Da der Faden oberhalb der eigentlichen Gleitfläche des Läufers am Ringflansch im Läuferbogen angreift, ergibt sich eine in Laufrichtung geneigte Schrägstellung. Das soll ebenfalls mit Abbildung 37 aufgezeigt werden. Durch die Wanderung des Fadenangriffspunktes im Läuferbogen und durch die Fadenzugrichtung bedingt, stellt sich der Läufer bei dem Winden auf die Kegelspitze im allgemeinen steiler auf und erfährt beim Winden auf die Kegelbasis eine stärkere Schräglage.

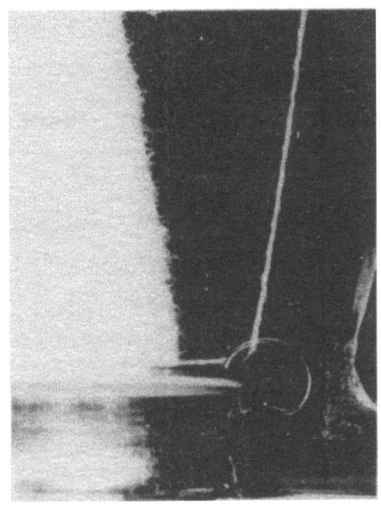  

Abbildung 37
Läuferlage bei Bewegung in Blickrichtung
an der Kegelbasis   auf halber Hubhöhe   an der Kegelspitze

Mit den in Abschnitt 2 beschriebenen stroboskopischen Geräten und auf dem mit Abbildung 12 gezeigten Läuferprüfstand wurden die 3 für Winden an der Kegelbasis, Kegelmitte und Kegelspitze geltenden Aufnahmen, Abbildung 37 gemacht. Hierbei kam eine normale Spindelgeschwindigkeit (ca. 8000 U/min) zur Anwendung. Die Wahl des Läufergewichtes erfolgte nach der Garnnummer so, daß sich ein genügend straffer, aber auch nicht zu weit ausgebauchter Fadenballon ergab. Deutlich ist zu erkennen, daß sich der Läufer in der vorgesehenen Weise im Ring einstellt, und daß er eine Einpunktberührung erfährt, d.h. nur an der eigentlichen Laufbahn innen am Ringflansch zur Anlage kommt.

Ersichtlich ist auch, wie er beim Winden auf die Kegelspitze stärker aufgerichtet wird gegenüber dem Arbeiten auf Copsbasis.

Die mit Abbildung 36 schematisch dargestellte Schräglage zeigt auch die
mit dem Stroboskop gemachte Aufnahme Abbildung 38. Um genügend licht-
starke Bilder zu erzielen und die Optik der Kamera, die mit einem Vor-
satzring eingesetzt wurde, zwecks Erzielung einer genügenden Tiefenschärfe entsprechend abblenden zu können, wurde zusätzlich zum Lichtblitzstroboskop mit einem Einzelblitzgeber gearbeitet. Dieser ist so mit
dem Lichtblitzstoboskop verbunden, daß bei seinem Auslösen das Licht der
daran angeschlossenen Ultra-Blitzröhre phasengleich mit dem Licht der
stroboskopischen Lampe aufleuchtet. Dadurch ist es möglich, den Vorgang
zunächst mit dem Auge fortlaufend zu verfolgen und die Aufnahme in einem besonders günstig scheinenden Augenblick vorzunehmen. Das Einzel-
blitzgerät wird dabei von dem Blitzkontakt der Kamera angesteuert. Nach
erfolgter Impulsgabe leuchtet die Lampe erst dann auf, wenn auch vom
Lichtblitzstroboskop her Impuls gegeben wird, d.h. wenn sich der Läufer
genau in der Stellung befindet, in der er photographiert werden soll
(Vergl. auch die Ausführungen Abschn. 2).

A b b i l d u n g 38
Läuferlage bei Bewegung quer zur Blickrichtung

Bei den Aufnahmen wurde im übrigen mit einem magnetischen Impulsgeber
gearbeitet. Dieser wird in die Nähe des Läufers gebracht. Durch perio-
disches Kurzschließen des Magnetfeldes durch den Stahlläufer werden in
einer aufgeschobenen Spule Stromimpulse hervorgerufen, und diese zum
Auslösen des Stroboskops benutzt.

Die Einstellung des Läufers im Ring läßt sich meist anschaulich auch an den Verschleißerscheinungen erkennen. In diesem Zusammenhang bleibt auf Abbildung 39 zu verweisen. Bei dem hier gezeigten C-Flachläufer ist deutlich eine eingegrabene Nut zu sehen, die durch die Anlage am Ringflansch entsteht, und die gleichzeitig Aufschluß über die Schräglage des Läufers im Ring gibt.

Abbildung 39
C-Läufer bei normalem Verschleiß

Vielfach bleibt zu beobachten, daß der innere Ringsteg in der aus Abbildung 40 ersichtlichen Weise verschleißt. Die mit einem Pfeil gekennzeichnete Rille kann nur entstehen, wenn das innere Läuferfüßchen zu lang ist oder durch Profilfehler am Ringflansch bzw. durch einen stark abgenutzten Ringflansch der Läufer nicht oder nicht in der vorgesehenen Weise an dessen Innenkante zur Anlage kommt.

Wird der Anlagepunkt bzw. der Drehpunkt, um den die Fliehkraft den Läufer nach außen zu verdrehen sucht, auf diese Weise nach unten verlagert, dann besteht erhöht die Gefahr, daß auch das äußere Läuferfüßchen mit dem Ring, und zwar außen am Ringsteg in Berührung kommt. Das ist bereits aus der Profilaufnahme Abbildung 40 zu erkennen. Einlauferscheinungen außen am Ring zeigt auch der mit Abbildung 41 dargestellt Spinnring. Vielfach muß festgestellt werden, daß die Einlauferscheinungen außen viel stärker auftreten, als an der eigentlichen Anlagefläche des Läufers innen am Ringflansch.

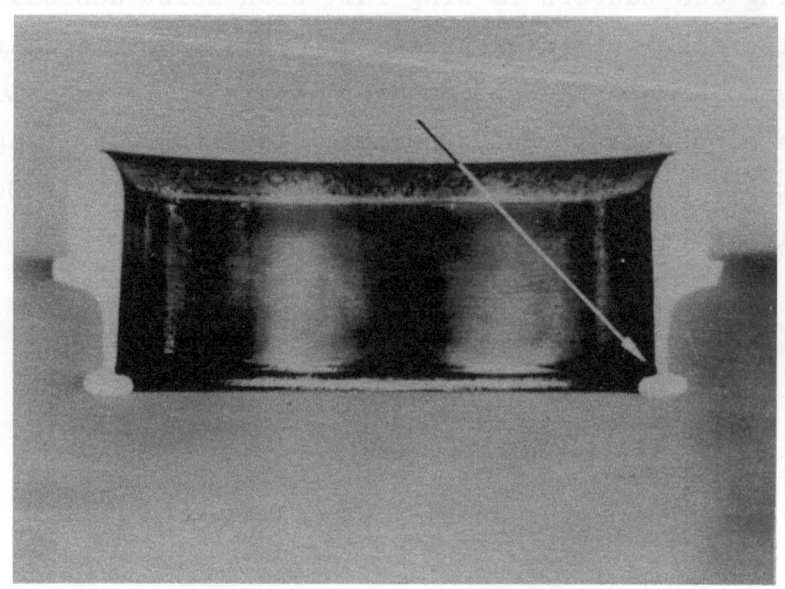

Abbildung 40
Verschleißerscheinungen am Ringsteg

Ohne weiteres ist einzusehen, daß eine solche unerwünschte Mehrpunktberührung des Läufers im Ring dessen Aufgabe stört und zusätzliche Reibungskräfte hervorruft, die unkontrollierbare Fadenzugänderungen zur Folge haben.

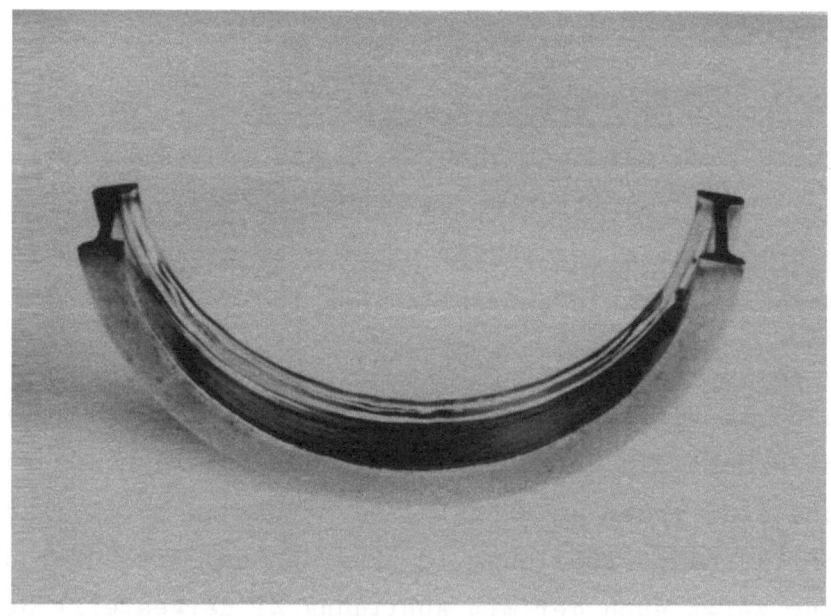

Abbildung 41
Verschleißerscheinungen außen am Ringsteg

Mit Abbildung 42 wird schematisch dargestellt, wie sich eine solche unerwünschte Einstellung des Läufers mit starkem Überhang im Ring ergeben kann. Verschleißerscheinungen sind dabei nicht nur außen am Ringsteg, sondern auch am Läufer selbst zu erwarten. Tatsächlich konnten Läufer festgestellt werden, bei denen der Abrieb am äußeren Läuferfüßchen wesentlich größer war, als der Verschleiß an der eigentlichen Anlagestelle. Das ist deutlich aus der Aufnahme Abbildung 43 zu erkennen.

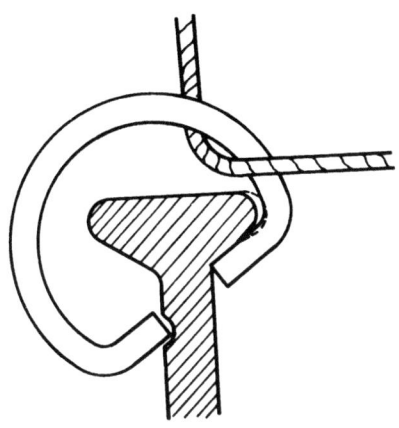

A b b i l d u n g   42
Mehrpunktberührung eines Läufers am Ring

Ein übermäßiges Durchhängen des Läufers nach außen tritt unter gewissen Voraussetzungen (sehr weit ausschwingender Ballon) auch dann auf, wenn Ring- und Läuferprofil zueinander passen, und der Läufer an der vorgesehenen Lauffläche innen am Ringflansch anliegt. Solche Beobachtungen werden vor allen dann zu treffen sein, wenn der Läufer einen verhältnismäßig großen Bogen aufweist, und demzufolge der Schwerpunkt gegenüber der Anlagestelle im Ringflansch verhältnismäßig hoch liegt.

Günstigere Voraussetzungen ergeben sich für einen Läufer mit kleinerem Läuferbogen. Von den vorliegenden Erkenntnissen ausgehend wurde der Elliptikläufer geschaffen, der also vor allem dann zum Einsatz zu bringen ist, wenn Neigung zu einem übermäßigen Läuferdurchhang besteht.

Bei dem Elliptikläufer wird sich im übrigen der nach außen gerichtete Läuferbogen oben am Ringflansch anlegen, ehe es zu einem Streifen des äußeren Läuferfüßchens im Ringsteg kommt. Um von vornherein einen solchen Anlagepunkt oben auf dem Ring bzw. dem Ringflansch zu schaffen, kam es zur Entwicklung des "N"-Läufers. Dieser ist ähnlich aufgebaut,

Abbildung 45
Verschleißerscheinungen am äußeren Läuferfüßchen

wie der Läufer Form Elliptik. Der obere Läuferbogen wird jedoch nach unten durchgedrückt, so daß die Form eines M entsteht. Hierdurch ist eine besonders tiefe Schwerpunktlage erreicht. Beim Winden auf die Kegelspitze stellt sich der Läufer im allgemeinen so ein, daß er in seinem äußeren Teil freiliegend über dem Ringflansch geführt wird. Beim Winden auf Kegelbasis und entsprechendes Aufbauchen des Fadenballons, was ein Wandern des Fadenangriffspunktes am Läuferbogen zur Folge hat, senkt sich dagegen der Läufer durch und kommt mit dem gegebenen Knie oben auf der Ringbahn zur Anlage.

Eine solche Arbeitsweise ist deutlich an dem Verschleiß der "Nase" Abbildung 44 zu erkennen. Bei Profilaufnahmen an Ringen, die lange Zeit mit N-Läufern betrieben wurden, zeigt sich erwartungsgemäß die aus Abbildung 45 ersichtliche Verschleißerscheinung.

Es bleibt noch darauf hinzuweisen, daß eine solche Arbeitsweise des N-Läufers (abgehoben vom oberen Ringflansch beim Winden auf die Kegelspitze, angelegt dagegen und zusätzliche Reibungskräfte erzeugend beim Winden auf die Kegelbasis) einen Fadenzugausgleich bewirkt. Gegenüber einem immer freischwebendem C-förmigen Läufer mit einfacher Führung innen am Ringflansch ist beim Arbeiten mit N-Läufer und Einsatz geeigneter Fadenspannungsmeßeinrichtungen vielfach zu beobachten, daß eine selbsttätige Fadenzugregelung zwischen Winden auf Kegelspitze und Kegelbasis erfolgt, derart, daß der für das Basiswinden gegebene Fadenzug durch die

Abbildung 44
"N"-Läufer mit Verschleißerscheinungen an der "Nase"

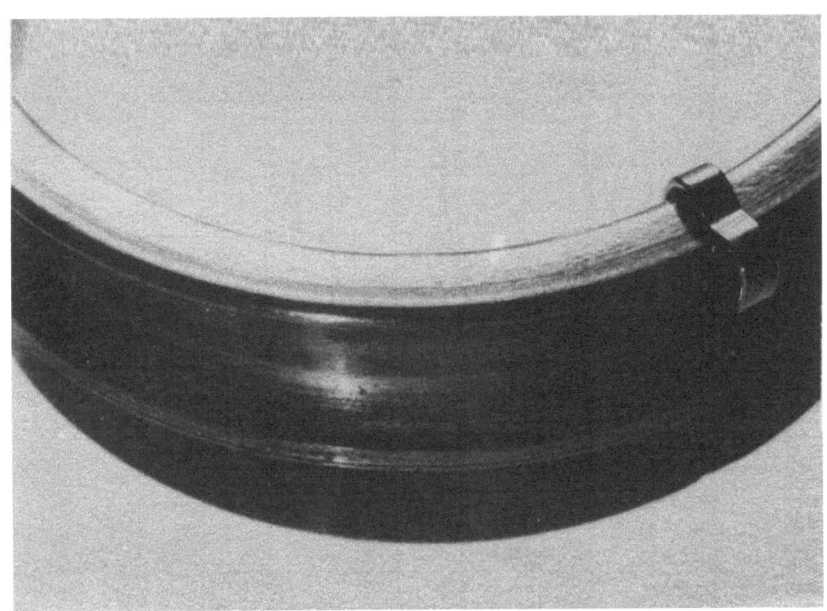

Abbildung 45
Ring mit Einlauferscheinungen durch die Nase eines N-Läufers

doppelte Anlage des Läufers am Ringflansch erhöht wird, so daß das sonst auftretende stark ausgeprägte "Lagenspiel" nur in verminderter Größe erscheint.

Nach den Ergebnissen einschlägiger Untersuchungen wurde Abbildung 46 aufgetragen, aus der vergleichend die Fadenspannungen während eines Lagenspiels beim Arbeiten mit C-Läufer und mit N-Läufer ersichtlich sind.

Ergänzend bleibt hierzu darauf hinzuweisen, daß die Einstellung des Läufers im Ring von vielen Faktoren abhängig ist, und daß hierauf vor allem die Größe des Ballons, d.h. der Abstand Ringbank zu Fadenführungsöse Einfluß nimmt. Es kann also nicht erwartet werden, daß sich der beim N-Läufer erzielbare Ausgleich der Fadenspannung immer und mit der notwendigen Sicherheit einstellt und somit entsprechende Vorteile ergibt. Zu verweisen bleibt in dem Zusammenhange auch auf Abschnitt 9. Dort wird gezeigt, daß die mit geeigneten Meßeinrichtungen festgestellten "mittleren Fadenspannungen" im allgemeinen nicht kritisch sind, und daß unzulässige Fadenbeanspruchungen vielmehr aus anderweitigen Unzulänglichkeiten der Arbeitsweise der Läufer resultieren.

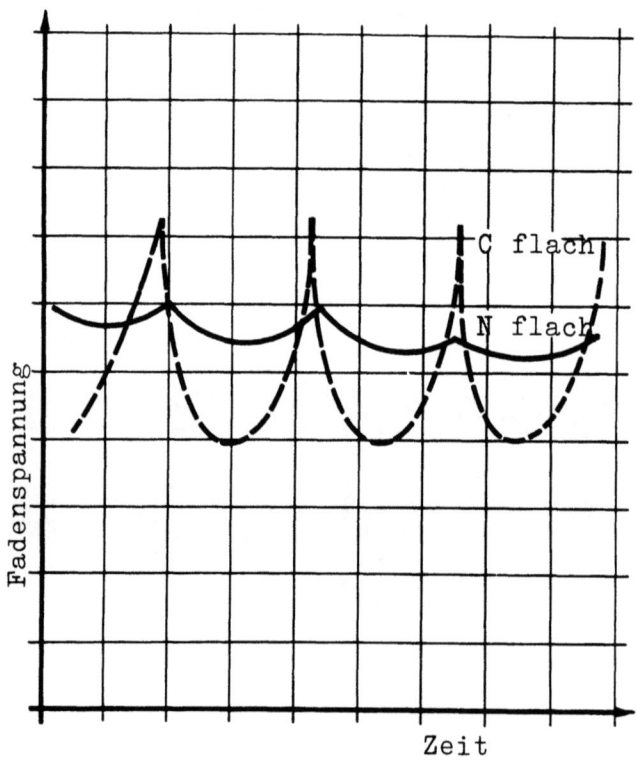

A b b i l d u n g 46

Auswirkungen der Mehrpunktberührung eines N-Läufers
auf die Fadenspannung

7. Ringprofile - Läuferprofile

Bereits im Abschnitt "Ring- und Läuferformen" wurde zum Ausdruck gebracht, daß mit den gültigen Normen keine Festlegung aller Einzelheiten erfolgt. So darf es nicht wundernehmen, wenn beim Vergleich von Läufern verschiedenen Fabrikates größere Abweichungen festzustellen sind. Mit Abbildung 47 werden durch Projektion gewonnene Schattenbilder von Läufern wiedergegeben, und die für die Einstellung im Ring bzw. das Verhalten im praktischen Betrieb bedeutsamen Maße genannt.

Zweifellos kommt nach dem Vorgesagten der Länge der Läuferfüßchen und der Weite der Läuferöffnung eine besondere Bedeutung zu. Gerade hier sind aber nicht unerhebliche Abweichungen der Maße festzustellen.

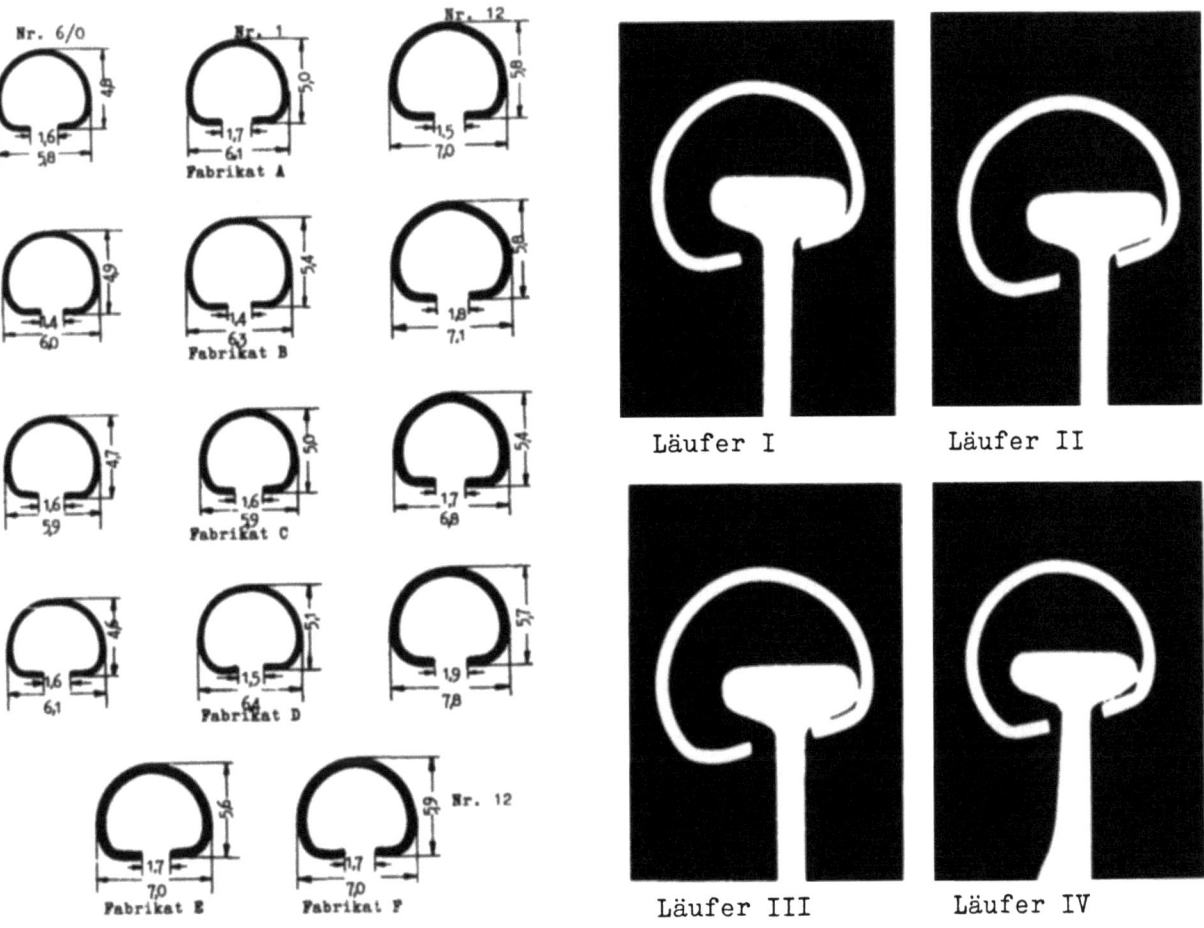

Abbildung 47
Schattenprojektionen von Läufern gleicher Form und Nummer verschiedenen Fabrikats

Abbildung 48
Profilschnitte von Ringen mit eingefügten Läufern

Auch hinsichtlich der Ringprofile haben ähnliche Überlegungen zu gelten. Da auch hier mit dem Normblatt lediglich Angaben über Ringweite, Flanschbreite und Ringhöhe gemacht werden, bleibt es den einzelnen Herstellern überlassen, die übrigen Maße für den Führungsflansch und den Ringsteg festzulegen. Werden mittels geeigneter Einrichtungen verschiedene Ringprofile und Läufer hinsichtlich der Übereinstimmung ihrer Maße überprüft, dann ergeben sich mitunter Überraschungen. In diesem Zusammenhang bleibt auf Abbildung 48 zu verweisen. Hier ist ein normaler C-Läufer in sorgfältig ausgeschliffene Ringprofilschnitte eingehängt und wiederum das Schattenbild projiziert worden. Bei den vorliegenden Maßdifferenzen sind für die einzelnen Ringe unterschiedliche Einlauferscheinungen zu erwarten. Auch finden sich Erklärungen für Beobachtungen im praktischen Spinnereibetrieb, die dahin gehen, daß für gegebene Ringprofile Läufer eines bestimmten Fabrikats und einer bestimmten Form nicht ohne weiteres verwendet werden können.

8. Das Spinnreglerproblem

Um den sich während des Copsaufbaues dauernd ändernden Fadenspannungen Rechnung zu tragen, und einen gewissen Ausgleich zu erzielen, wurde eine periodische Drehzahlregelung während des Spinnprozesses empfohlen. Hierbei galt die Überlegung und Feststellung, daß durch eine Veränderung der Drehzahl die Reibungskraft des Läufers im Ring beeinflußt werden kann.

Die Verwendung eines Spinnreglers setzt einen stufenlos regelbaren Antrieb für die Spinnmaschine voraus. Zu unterscheiden ist eine Grundregelung und eine Lagenregelung. Die erstere hat die Aufgaben, den Vorgängen Rechnung zu tragen, die sich durch den Aufbau des Copsansatzes und den sich während des Spinnprozesses dauernd verkürzenden Ballon ergeben. Die Lagenregelung soll dagegen einen Fadenzugausgleich schaffen, wenn beim Winden auf Basis und Spitze der unterschiedlich am Läufer angreifende Faden größere Spannungsänderungen erfährt.

Für eine normale Ringspinnmaschine, d.h. eine solche mit feststehender Spindelbank und bewegter Ringbank wird im allgemeinen mit einer gegenüber der mittleren Geschwindigkeit verminderten Spindeldrehzahl "angesponnen". Hierdurch ist einmal den zusätzlich am weit ausgebauchten Ballon angreifenden Zugkräften entgegen zu wirken. Außerdem läßt sich erfahrungsgemäß durch Drehzahlherabsetzung die Ballonausweitung vermindern und dadurch vermeiden, daß zusätzliche Fadenbrüche durch Zusammenschlagen einzelner Ballons entstehen. Im Verlauf des weiteren Copsaufbaues und im Hinblick auf den sich fortlaufend verkürzenden Ballon kann die Drehzahl um einen bestimmten Betrag gesteigert werden.

Nach erfolgter Ansatzbildung ergeben sich periodische Fadenspannungsänderungen zwischen Winden auf Basis und Spitze (vergl. hierzu Abschnitt 4). Diesen kann durch eine "Lagenregelung" Rechnung getragen werden, die für das Winden auf Basis eine höhere, für das Winden auf Spitze dagegen eine kleinere Spindeldrehzahl vermittelt.

Tatsächlich lassen sich, wie durch entsprechende Versuche leicht aufgezeigt werden kann, auf diese Weise die gegebenen Fadenzugänderungen vermindern bzw. ausgleichen. Zu gelten hat allerdings, daß, um eine völlige Geradlinigkeit einer aufgenommenen Fadenspannungskurve zu erzielen, eine ziemlich große und im Hinblick auf gegebene Grenzgeschwindigkeiten meist unwirtschaftliche Drehzahlregelung während des Auf- und Abgehens der Ringbank angewandt werden muß. Im allgemeinen wird deshalb dieses Drehzahlspiel nicht so weit getrieben, daß sich für Winden auf Basis und Spitze gleiche Fadenspannungen einstellen.

Bekanntlich tritt bei der Ringspinnmaschine eine Häufung von Fadenbrüchen meist am Ende des Spinnvorganges d.h. bei fast vollen Copsen ein. Diese gibt Veranlassung auch hier eine Abwärtsregelung der Drehzahl vorzunehmen. Mit Fadenspannungsmeßgeräten festgestellte "mittlere Fadenspannungen" zeigen, wie aus Abbildung 17 ersichtlich ist, für voller werdenden Cops im allgemeinen keinen Anstieg, sondern einen Rückgang der Fadenspannungen. Ein "Abspinnen" d.h. eine Verminderung der Drehzahl bei vollwerdendem Cops, würde also dem Fadenzugdiagramm nicht in richtiger Weise Rechnung tragen. Hier spielt zweifellos die Tatsache eine Rolle, daß der Läufer während seines Umlaufes auf dem Ring meist keine konstanten Fadenzugkräfte vermittelt. Ist der Ballon kurz und unelastisch, dann können sich durch Hüpfen und Springen des Läufers einstellende Fadenzugspitzen ungedämpft bis an den Streckwerkaustritt hin fortsetzen. Nicht durch die mittlere Fadenspannung, sondern durch kurzzeitig auftretende Fadenzugstöße entstehen dann kritische Beanspruchungen, die zum Fadenbruch führen.

Durch eine Herabsetzung der mittleren Fadenspannung wird eine gewisse Reserve geschaffen, bzw. auch die Höhe der Fadenzugspitzen vermindert, so daß die gewünschte Wirkung (Verminderung der Fadenbruchzahl) erreicht werden kann.

Ergänzend zu Abbildung 17 zeigt Abbildung 49 schematisch die Auswirkung einer Drehzahlregelung auf den Fadenspannungsverlauf. Der Drehzahlbereich für das Spinnen auf nahezu vollen Cops wurde hierbei ohne Rücksicht auf eine evtl. auftretende Erhöhung der Fadenbrüche der mit einem geeigneten Meßgerät festgestellten mittleren Fadenspannung angepaßt.

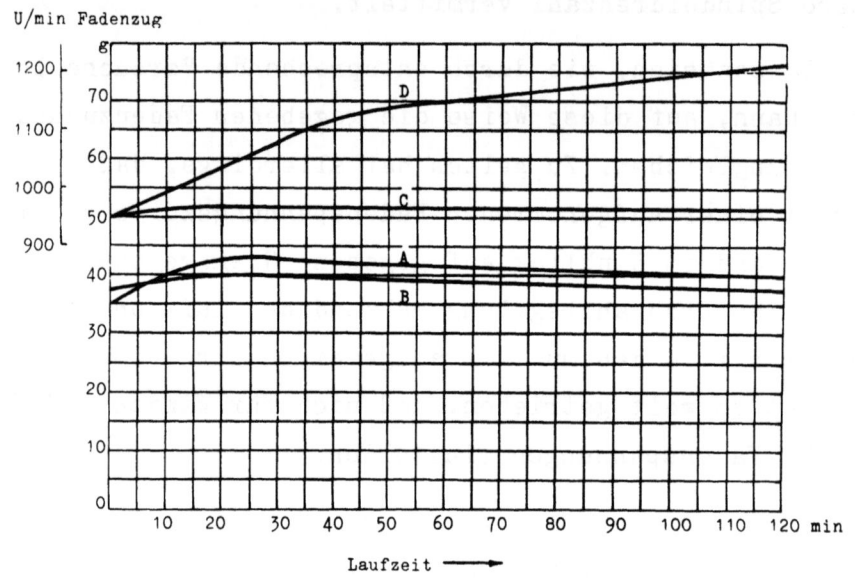

A b b i l d u n g   49

Auswirkung einer Drehzahlregelung auf den Spannungsverlauf

    A = Fadenzug beim Winden auf die Copsspitze

    B = Fadenzug beim Winden auf die Copsbasis

    C = Motor-U/min beim Winden auf die Copsspitze

    D = Motor-U/min beim Winden auf die Copsbasis

9. Ermittlung der "Läuferunruhe"

Bei mathematischen Betrachtungen über die Vorgänge im Spinn- und Aufwindefeld und auch bei der Bewertung der Ergebnisse von Fadenspannungsmessungen mit einfachen oder auch mit schreibenden Meßgeräten wird von der Annahme ausgegangen, daß der Läufer auf der Ringbahn eine durch Reibungskoeffizient und Anpreßdruck bedingte für einen bestimmten Betriebszustand konstante Reibungskraft erfährt. Durch Befühlen des Fadens oberhalb der Fadenführungsöse ist, vor allem bei Zwirnmaschinen mit verhältnismäßig schweren Läufern, häufig festzustellen, daß der Faden "unruhig" ist, und daß sich die gemessene mittlere Fadenspannung offenbar aus Fadenzugspitzen und Spannungstälern zusammensetzt.

Vielfach zeigen sich an den Laufflächen der Ringe eigenartige wellenförmige Verschleißerscheinungen. Diese lassen vermuten, daß der Läufer durchaus nicht gleichmäßig und immer in der gleichen Lage bleibend die Spindel umkreist (vergl. hierzu Abb.50). Es muß angenommen werden, daß der Läufer eine bei jedem Umlauf wiederkehrende Schwingbewegung ausführt, die ihn in verschiedene Lagen bringt. Dabei ist anzunehmen, daß sich der Läufer nicht gleichförmig, sondern hüpfend bzw. springend vorwärtsbewegt, und daß er auf diese Weise verschiedene Berührungspunkte mit Ringflansch und Ringsteg findet.

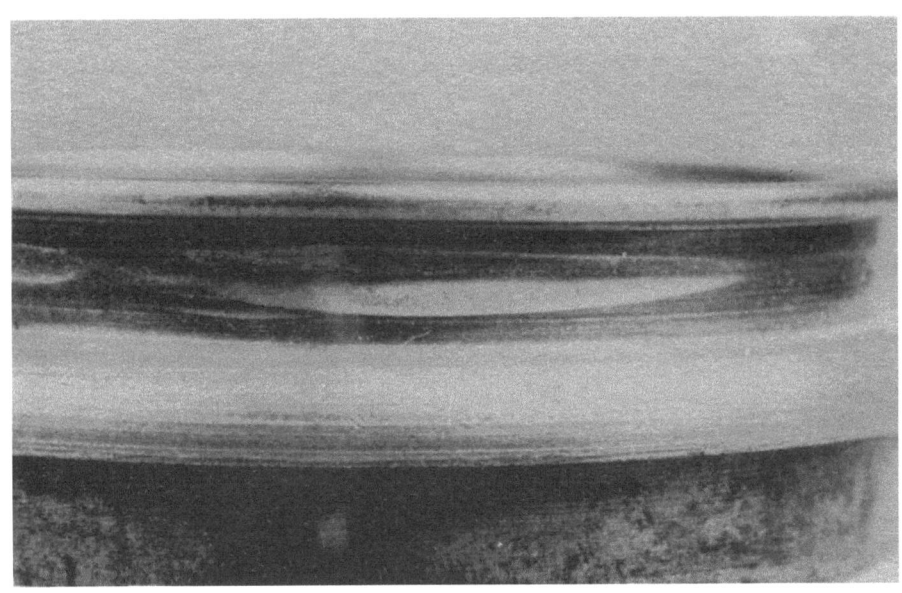

A b b i l d u n g 50
Wellenförmiger Ringverschleiß

Der Fadenballon ist meist nicht als eine völlig gleichmäßige Glocke ausgebildet. Vielmehr zeigen sich eigenartige Einschnürungen. Diese lassen erkennen, daß der Läufer mit jedem Umlauf wiederkehrend an einzelnen Stellen des Ringes höhere, an anderen Stellen geringere Zugkräfte ausübt. Um die Ballonausbildung genauer zu studieren, wurden mit dem Serienblitzgerät (vergl. Abb.10) verschiedene Aufnahmen gemacht. Dabei war eine verhältnismäßig hohe Lichtblitzfolge zu wählen, außerdem die Frequenz des die Ansteuerung übernehmenden Stroboskops so einzustellen, daß der Läufer bzw. der Fadenballon bei einigen wenigen Umläufen häufig und in verschiedenen Lagen vom Licht der Lampe des Serienblitzers getroffen wurde.

Die Abbildung 51 läßt anschaulich erkennen, daß sich der Fadenballon für verschiedene Stellungen des Läufers im Ring recht unterschiedlich ausbildet. Das hat vor allem zu gelten, wenn wie bei der im Bild gezeigten Versuchsanordnung, die Öse gegenüber der Spindelspitze seitwärts verschoben ist.

A b b i l d u n g 51

Ausbildung des Fadenballons bei seitlich verschobener Öse

Um in die sich abspielenden Vorgänge entsprechende Einblicke zu gewinnen, ist es erforderlich, ein Fadenspannungsmeßgerät einzusetzen, das praktisch trägheitslos arbeitet, bzw. das noch eine wirklichkeitsgetreue

Aufzeichnung von Vorgängen ermittelt, die sich in der Sekunde mehr als 150 mal (entsprechend 9000 Spindel-U/min) wiederholen.

Für einschlägige Untersuchungen wurde mit Erfolg der im Abschnitt 2 beschriebene und mit Abbildung 5 gezeigte "Elkataster" verwendet. Die von dem Meßkopf (der oberhalb der Öse in den Fadenlauf entsprechend eingeordnet war) vermittelten Meßwerte kamen durch einen Kathodenstrahl-Oszillographen zur Anzeige. Bei abgeschalteter Kippfrequenz wandert der durch den Kathodenstrahl auf dem Bildschirm erzeugte Lichtpunkt nur vertikal auf und ab. Die Aufnahme der Meßwerte erfolgte mit einer Registrierkamera auf Bromsilberpapier, auf dem der Lichtpunkt durch die zwischengeschaltete Optik abgebildet wurde. Ein rasches Seitwärtsbewegen des von einer Vorratsrolle ablaufenden Silberpapierstreifens ergibt dann die aus Abbildung 52 ersichtlichen Kurvenzüge.

Diese zeigen die im Faden wirksamen Fadenspannungen für Winden auf die Kegelspitze und Winden auf die Kegelbasis. Obwohl die Spindel gegenüber dem Ring und die Öse gegenüber der Spindelspitze in der üblichen Weise grob ausgerichtet wurden, zeigt sich, insbesondere beim Winden auf die Kegelspitze ein Schwankungsspiel, das mit jedem Läuferumlauf wiederkehrt. Die dabei auftretenden Fadenzugunterschiede sind beträchtlich und schwanken zwischen etwa 10 und 50 g.(Oberes Diagramm). Wenn beim Winden auf die Basis diese raschen Fadenzugwechsel geringer ausfallen, dann ist dies auf die ausgleichende Wirkung des Fadenballons zurückzuführen. Bereits durch die Dehnung des Materials zwischen Lieferwalzen und Läufer kann ein gewisser Ausgleich kurzzeitig auftretender Spannungsspitzen erfolgen. Außerdem "atmet" der Ballon (vergl. hierzu auch Abb.51) und gibt dadurch Veranlassung, daß sich die vom Läufer herrührenden Fadenzugänderungen nur gedämpft in den Teil zwischen Fadenöse und Klemmpunkt am Lieferwalzenpaar fortsetzen. Durch einschlägige Versuche ist leicht der Nachweis zu erbringen, daß sich bei kleinen Ballonlängen solche Störungen in viel stärkerem Maße auswirken, als bei einem großen ausgebauchten und daher "elastischen" Fadenballon.

Das deckt sich mit den schon in Abschnitt 8 behandelten Beobachtungen, wonach es zweckmäßig ist, bei vollwerdendem Cops und entsprechend kleiner werdenden Ballonlängen mit einer verminderten Spindeldrehzahl zu arbeiten, um die Fadenbeanspruchungen und damit die Fadenbrüche zu vermindern. Nicht die Größe der mittleren Fadenspannung, die nach den

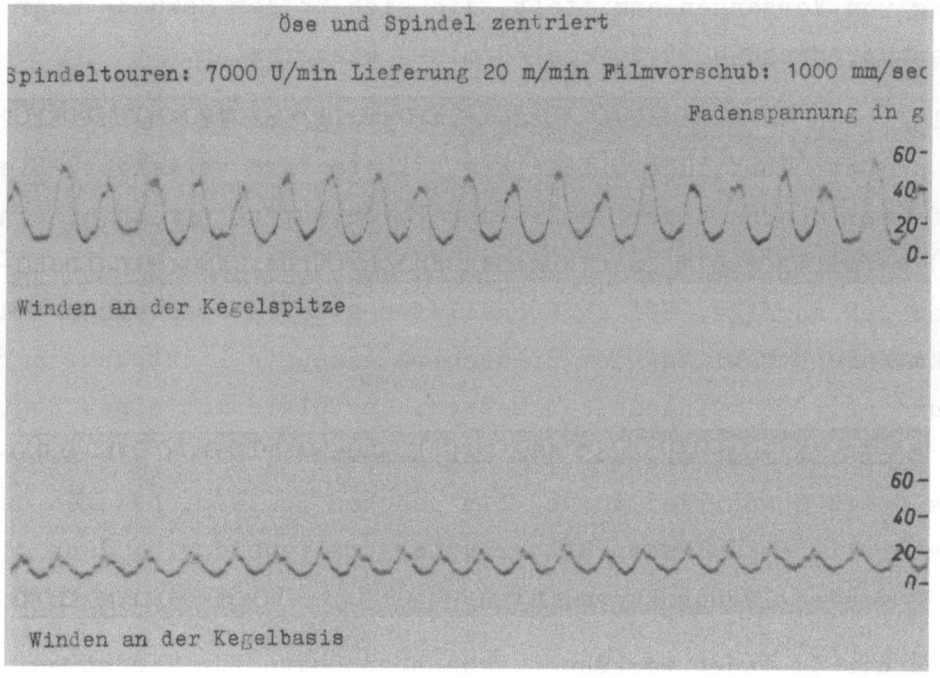

Abbildung 52
Fadenspannungs-Oszillogramm   Öse und Spindel zentriert

Messungen im allgemeinen mit kleiner werdendem Ballon zurückgeht, sondern das Auftreten hoher, sich ungedämpft vom Läufer bis zum Lieferwerksaustritt der Spinnmaschine fortsetzender Fadenzugspitzen bringt Gefahr.

Die Wellenbewegungen an dem Ring lassen erkennen, daß der Läufer nicht nur während eines Umlaufes ein Spannungstal und eine Spannungsspitze erzeugen wird, daß sich vielmehr diesen Fadenzugänderungen weitere Fadenzugstöße überlagern. In den auf die vorgeschriebene Weise aufgenommenen Diagrammen sind solche auch meist zu erkennen. Wenn sie sich nicht noch stärker ausbilden, dann ist dies vor allem darauf zurückzuführen, daß sie von außerordentlich kurzer Zeitdauer sind, und daß hier die ausgleichenden Wirkungen der Fadendehnung und des Ballons stark in Erscheinung treten und auch bei kleinem Abstand Ring- bzw. Läufer-Klemmpunkt des Lieferwalzenpaares noch wirksam werden können.

Zu gelten hat, daß bei einer sorgfältigen Ausrichtung von Spindel gegen Ring und Öse gegen Spindelspitze ein verhältnismäßig ausgeglichenes Fadenspannungsbild auch bei kurzen Ballonlängen erzielt werden kann. Umgekehrt wirkt sich dagegen ein exzentrischer Sitz der Spindel im Ring oder eine stärkere Verschiebung der Öse gegenüber der Spindelspitze sehr nachteilig aus. Solche Beobachtungen sind übrigens auch schon ohne Meßinstrumente bei Zwirnmaschinen für gröbere Garne zu machen. Hier kann man beim Abfühlen der nebeneinander von den Streckwerkswalzen den Ösen zulaufenden Fäden meist sehr rasch solche Zwirnstellen herausfinden, die starke Fadenspannungsschwankungen aufweisen. Wird dann die betreffende Zwirnstelle näher untersucht, so ist meist festzustellen, daß entweder die Spindel gegenüber dem Ring, oder die Öse gegenüber der Spindel nicht richtig ausgerichtet wurde.

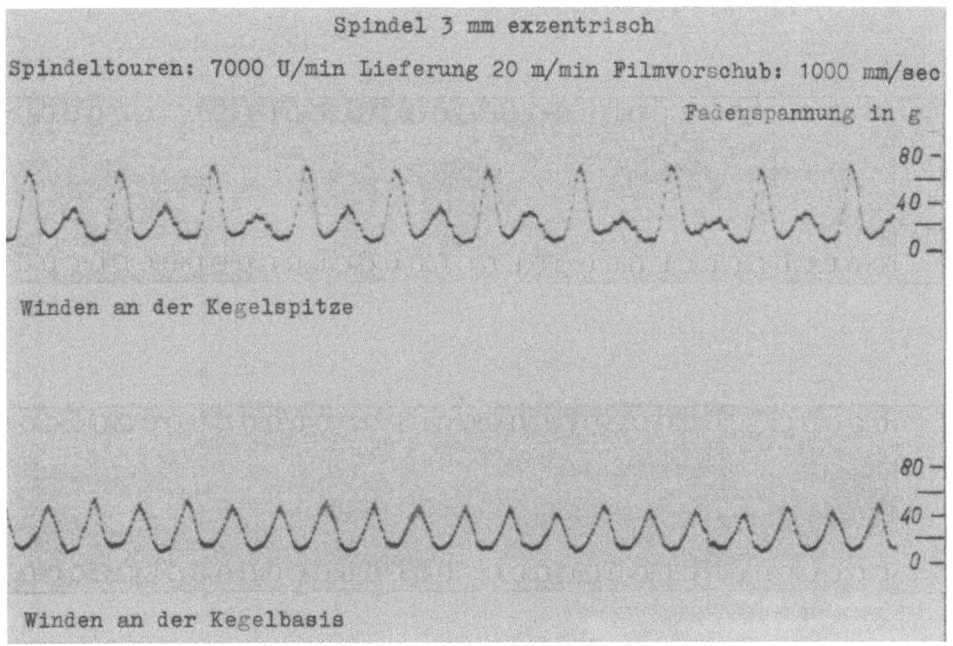

A b b i l d u n g   53
Fadenspannungs-Oszillogramm
Spindel 3 mm exzentrisch

Bei Untersuchungen mit dem "Elkataster" sind mitunter auch Kurvenzüge zu erhalten, die den aus Abbildung 53 (oberer Kurvenzug) ersichtlichen Verlauf haben. Hier wechselt eine hohe mit einer verhältnismäßig geringen Spannungsschwankung in periodischer Folge ab. Danach bleibt anzunehmen, daß die Kreisbewegung des Läufers bei jedem zweiten Umlauf einen anderen Verlauf nimmt. Bei entsprechender Auswertung solcher Diagramme ergibt sich auch, daß offenbar, trotz völlig gleichförmig umlaufender Spindel, der Läufer bei einem ersten Umlauf auf dem Ring in gleichen Zeiten eine

andere Stellung einnimmt, als beim zweiten Umlauf. Überraschend ist die
Regelmäßigkeit mit der sich das Spiel wiederholt. Solche Erscheinungen
treten vor allem dann auf, wenn nicht nur die Spindel gegenüber dem Ring,
sondern auch die Öse gegenüber der Spindelspitze stärker versetzt ist.

Eine überraschende Bestätigung der vorstehend gemachten Überlegungen ergibt sich, wenn eine so arbeitende Spinn- bzw. Zwirnstelle im Licht eines stroboskopischen Gerätes betrachtet wird. Der Läufer und auch der
Ballon erscheinen dann an zwei Stellen im Ring. Dies spricht dafür, daß
eine in sich geschlossene Schwingbewegung auftritt, die sich immer in
genau gleicher Weise wiederholt.

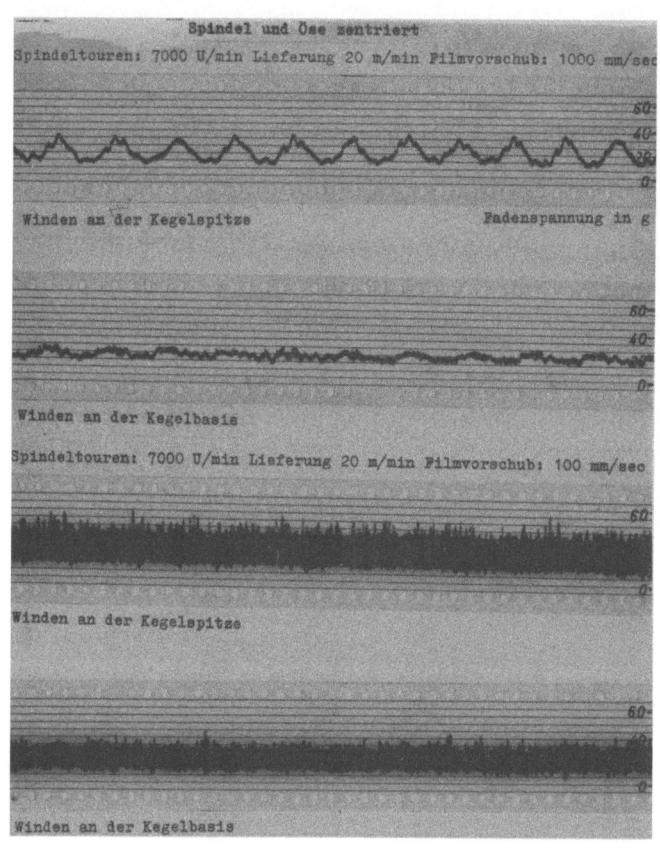

A b b i l d u n g 54
Fadenspannungs-Oszillogramm aufgenommen mit
verschieden großem Filmvorschub

Sollen bei solchen Untersuchungen Beobachtungen über eine etwas größere
Zahl von Läuferumdrehungen geführt werden, dann kann das Bromsilberpapier in der Registrierkammer entsprechend langsamer geführt werden. Aus

einschlägigen Versuchsreihen stammen die Diagramme der Abbildung 54, die einmal mit verhältnismäßig hoher, ein anderes Mal mit dagegen geringer Diagrammpapiergeschwindigkeit aufgenommen worden sind. Aus den dazu gemachten Angaben sind andere Einzelheiten ersichtlich.

Wie bereits bei der Besprechung der Kurven Abbildung 52 erwähnt, verläuft die Fadenspannung bei mit betriebsmäßiger Genauigkeit zentrierter Spindel und ausgerichteter Öse durchaus nicht gleichbleibend. Überraschenderweise ergab sich bei Versuchen, daß die Öse verhältnismäßig stark in einer Richtung seitwärts verschoben werden mußte, um kleinstmögliche Fadenzugunterschiede bzw. gegenüber der gegebenen mittleren Fadenspannung nur kleine Abweichungen nach oben und unten zu erhalten. Da dies nicht uninteressant ist, wurde der Abbildung 52 die Abbildung 55 zugeordnet. Aus dieser geht hervor, wie weit und in welcher Weise die Fadenführungsöse gegenüber der Spindelspitze verschoben werden mußte, um bei zentrisch im Ring stehender Spindel die gut ausgeglichenen Kurven zu erhalten.

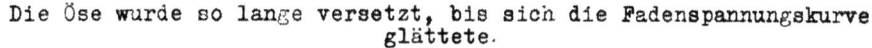

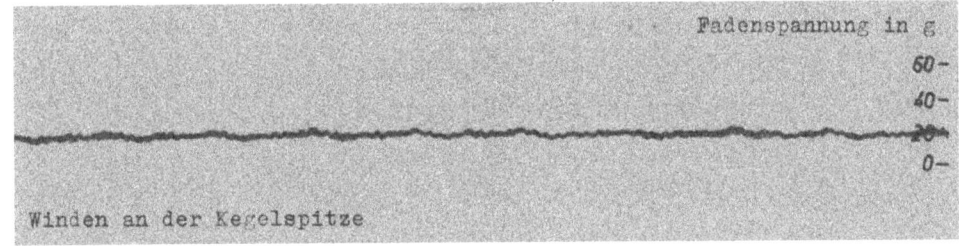

Winden an der Kegelspitze

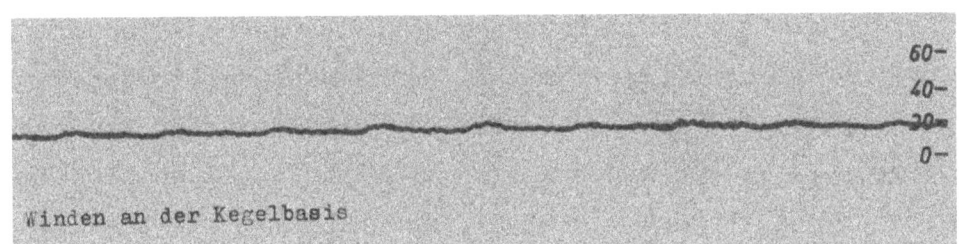

Abbildung 55

Fadenspannungs-Oszillogramm

Kurve geglättet

Öse 3,5 mm nach links versetzt

Das Kurvenschaubild Abbildung 56 zeigt den Kurvenverlauf für mehrere Läuferumdrehungen bei einer Exzentrizität der Spindel gegenüber dem Ring von 5 mm. Die Öse war hierbei so ausgerichtet, daß ihre Mitte genau über der Spindelspitze stand.

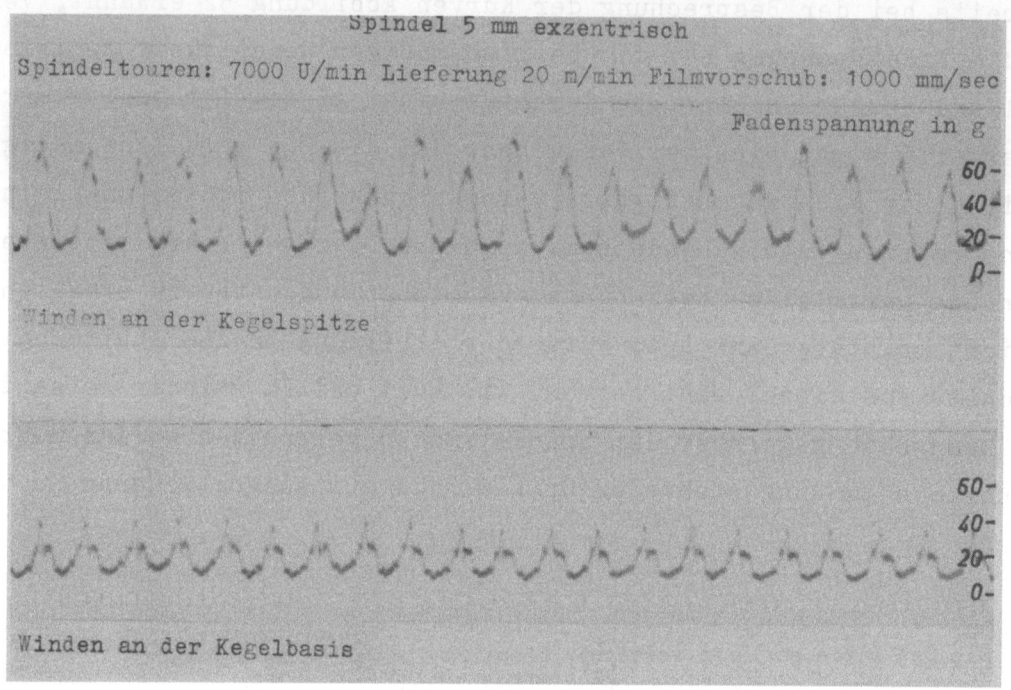

A b b i l d u n g 56
Fadenspannungs-Oszillogramm
Spindel 5 mm exzentrisch

Abbildung 57 gilt umgekehrt für eine zentrisch sitzende Spindel und eine gegenüber der Spindelspitze seitwärts verlagerte Öse.

Wird zusätzlich zu der Horizontalbewegung des Kathodenstrahles und damit der auf dem Schirm erscheinende Lichtpunkt auch horizontal abgelenkt, und dabei die Kippfrequenz in ein bestimmtes Verhältnis zur Läufergeschwindigkeit gebracht, dann ergeben sich auch für das Auge stehende Bilder. Eine solche Beobachtungsart gibt die Möglichkeit, die Auswirkungen vorgenommener Veränderungen sofort zu studieren bzw. zu erkennen, welche Veränderungen für das Fadenzugspiel sich mit auf-und abgehender Ringbank bzw. für verschiedene Ballonlängen ergeben.

Bei den nachstehend gezeigten Abbildungen wurde der Kathodenstrahl-Oszillograph zwangsläufig vom Läufer her angesteuert. Dazu fand ein gleicher

Forschungsberichte des Wirtschafts- und Verkehrsministeriums Nordrhein-Westfalen

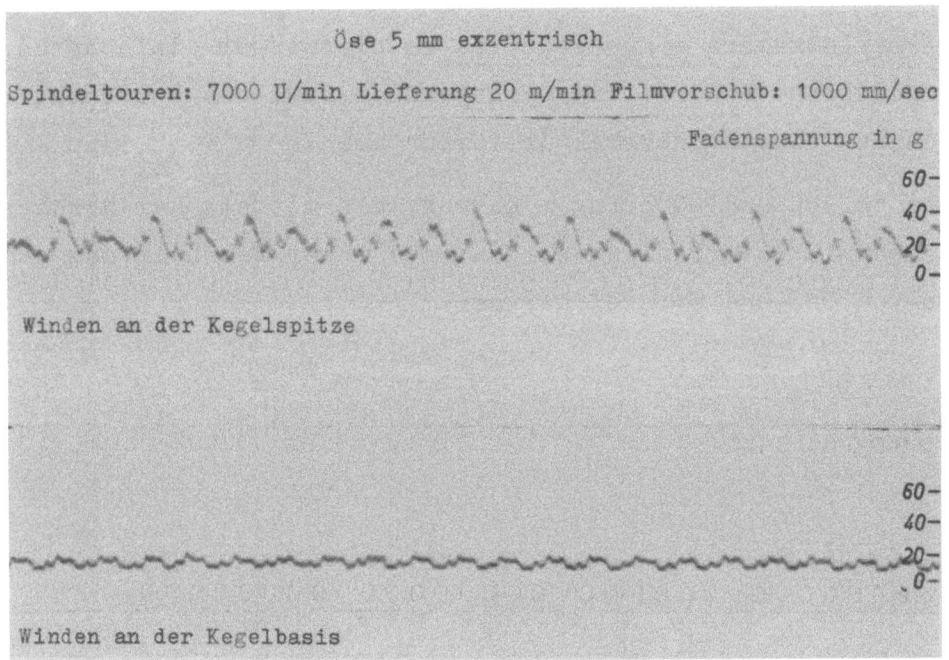

Abbildung 57
Fadenspannungs-Oszillogramm
Öse 5 mm exzentrisch

magnetischer Impulsgeber Verwendung, wie er sonst für das Lichtblitzstroboskop zum Einsatz kommt(vergl.Abschnitt 5). Durch Verstimmen des Kippschwingkreises ist es dabei im allgemeinen möglich, das Schwankungsspiel in verschieden großer Folge auf dem Bildschirm zu projizieren.

Bei dem für diese Untersuchungen benutzten Zweistrahl-Oszillographen wurde von dem Impulsgeber aus über ein Thyratron-Steuergerät der zweite Strahl angesteuert. Dieser war dabei so einzustellen, daß er gleichzeitig die Nullinie markierte. Die vom Impulsgeber erzeugten Zacken im zweiten Strahl geben gegenüber dem Fadenzugspiel gleichzeitig an, wo sich der Läufer befindet.

Um mit der Einrichtung leicht auffinden zu können, an welcher Stelle hohe und an welcher besonders niedrige Fadenspannungen entstehen, ist der Impulsgeber drehbar um den eigentlichen Ring angeordnet(vergl.Abb.12).

Von vorn ausgehend kann der Ringumfang in bestimmte Winkelgrade unterteilt und dazu entsprechend eine Markierung in der Abszissenachse der Abbildung gegeben werden.

Für die Aufnahme der auf dem Bildschirm stehend erscheinenden Bilder wurde eine Spiegelreflexkamera eingesetzt, da es hiermit am einfachsten möglich ist, die jeweilige Schärfe des Lichtpunktes bzw. des Kurvenzuges zu erkennen und danach eine Nachkorrektur vorzunehmen.

Die Abbildungen 58, 59 und 60 bringen Kurven, die mittels der beschriebenen Aufnahmetechnik fotografiert wurden. Aus ihrer Beschriftung gehen die Stellungen von Öse und Spindel hervor.

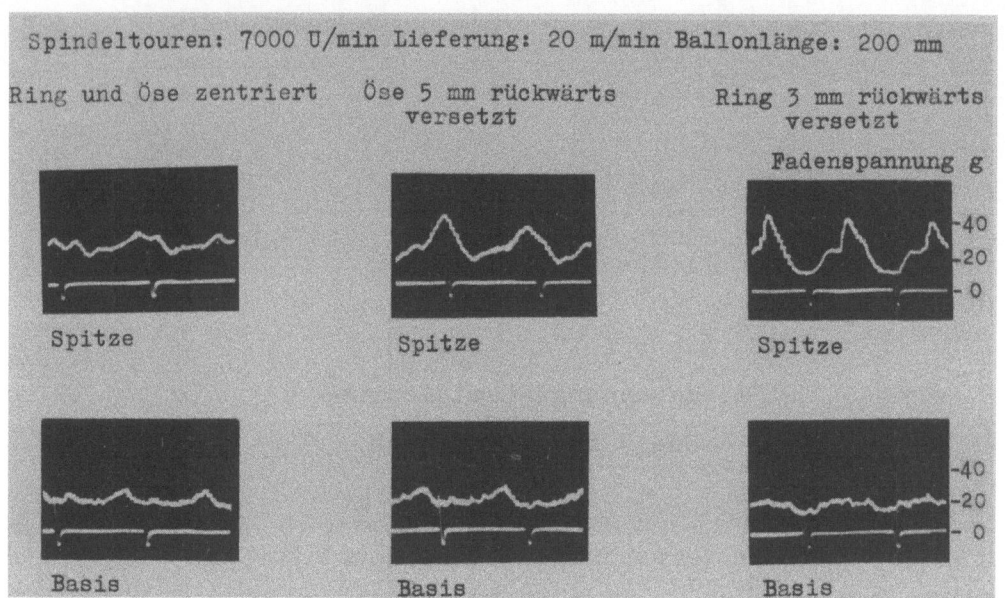

A b b i l d u n g 58   A b b i l d u n g 59   A b b i l d u n g 60
Fadenspannungsoszillogramme
L = 20 m/min N_{spi} = 7000 U/min

10. Ring- und Ringläuferverschleiß

Beim Einsetzen eines neuen Läufers sind zunächst andere Voraussetzungen gegeben als für einen Läufer, der schon einige Zeit in Betrieb war und bei dem sich durch die Berührung mit dem Ringflansch eine Lauffläche eingeschliffen hat.

Während bei einer im normalen Spinnereibetrieb laufenden Ringspinn- bzw. Ringzwirnmaschine kaum entsprechende Beobachtungen zu treffen sind, zeigt sich nach Einsetzen eines neuen Läufers auf einem Spindelprüfstand oft ein klingelndes oder rasselndes Geräusch. Daraus ist zu erkennen, daß sich der Läufer nicht gleitend über die Ringbahn bewegt, vielmehr hüpft und springt.

Vielfach bleibt festzustellen, daß diese Geräusche plötzlich verstummen und daß der Läufer nunmehr offenbar die ihm zugedachte Lage im Ring einnimmt und sich ruhig und gleitend vorwärts bewegt.

Solche "Einlauferscheinungen" sind aus dem Diagrammblatt Abbildung 61 zu erkennen. Von einem niedrig liegenden Anfangswert ausgehend steigt die Fadenspannung zunächst laufend an, bis ein Maximalwert erreicht ist. Sehr plötzlich tritt dann ein starker Rückgang auf.

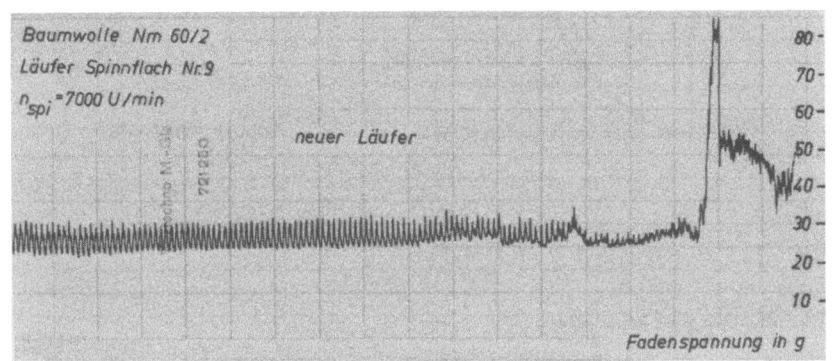

A b b i l d u n g   61
Fadenspannungen während des Einlaufens von Läufern

Dieser fällt zeitlich mit der Beobachtung zusammen, daß nunmehr das Rasseln bzw. Klingen aufgehört hat.

Mit solchen Einlauferscheinungen ist in jedem Falle zu rechnen. Sie sind allerdings von recht unterschiedlicher Zeitdauer, was auf verschiedene Einflüße zurückgeführt werden muß.

Um über den Läuferverschleiß und über Einlauferscheinungen Unterlagen zu schaffen, wurden auf einem kleinen Prüfstand (Abb.9) einschlägige Untersuchungen durchgeführt. Hierbei sind in den Ring immer neue Läufer eingesetzt und diese nach bestimmten Laufzeiten vorsichtig wieder ausgeklinkt worden. Mit Hilfe einer geeigneten Torsionswaage war der Abrieb bzw. der Verschleiß zu ermitteln. Die mit Abbildung 62 gezeigte Kurve wurde als Mittelwert von je 5 Meßpunkten für die einzelnen Laufzeiten aufgetragen. Bei Betrachtungen über den Verlauf der Kurve bleibt zu beachten, daß für die Abszissenachse ein nichtlinearer Maßstab gewählt worden ist.

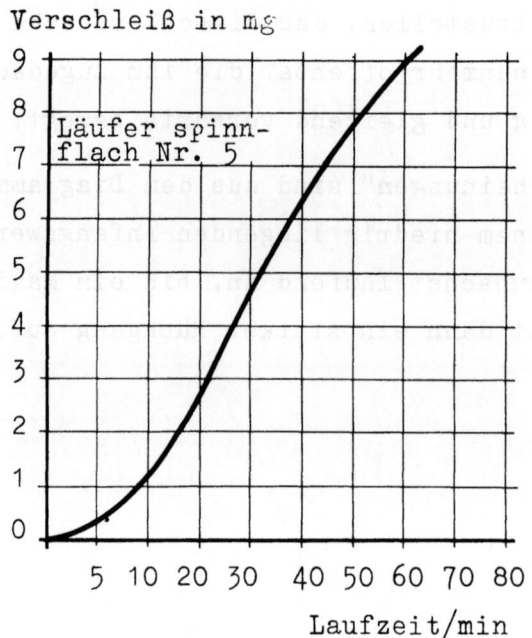

A b b i l d u n g 62

Verschleißkurve von C-Läufern

Normalgewicht der Läufer = 97 mg

Aus gleichartigen Versuchsreihen stammen die mit Abbildung 63 gezeigten Kurven. Hier wurden vergleichend auf einem gleichen Ring Elliptik-Läufer verschiedenen Fabrikates untersucht.

Wenn sich für die einzelnen Diagramme eigenartige Umkehrpunkte zeigen, dann ist dies darauf zurückzuführen, daß der Läufer mit fortschreitendem Einlaufen an verschiedenen Stellen und mit verschieden großen Flächen am Ringflansch zur Anlage kommt. Das hat dann zur Folge, daß der Verschleiß, abhängig von dem sich einstellenden Flächendruck gewisse Veränderungen erfährt.

Für das Einlaufen des Läufers bzw. dem Abrieb in der Zeiteinheit ist zweifellos nicht nur der Zustand der Ringbahn bzw. dessen Oberflächenbeschaffenheit, Härte und dergl. von Einfluß. Im Spinnereibetrieb ist neben dem Anfall von Flugfasern mit dem Anfall von Staub zu rechnen. Dieser wird auch auf die Ringbahn gelangen und damit Einfluß auf die sich abspielenden Vorgänge nehmen.

Bekannt ist die Erscheinung, daß bei mattierter Zellwolle meist ein höherer Läuferverschleiß auftritt, als beim Verarbeiten von Baumwoll- bzw.

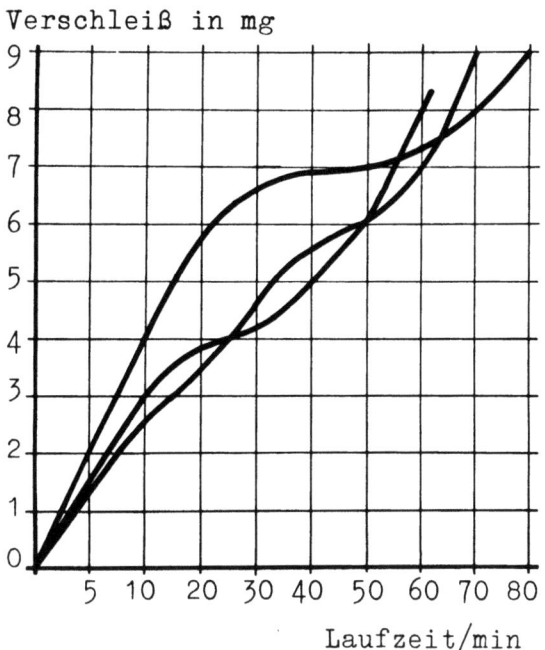

Abbildung 63
Verschleißkurven von Elliptik-Läufern
verschiedenen Fabrikates
Normalgewicht der Läufer = 98 mg

Zellwoll-Material. Das ist zweifellos darauf zurückzuführen, daß sich von der mattierten Zellwolle Titandioxyd-Kristalle ablösen und auf die Ringbahn gelangen. Sie wirken dort als eine Art Schmirgelpulver und fördern den Verschleiß.

Wenn sich auch an einer einzelnen Meßspindel nicht gleiche Verhältnisse ergeben werden wie im praktischen Betrieb, wo Titandioxyd-Kristalle von den vielen Spinnstellen in größerer Anzahl anfallen, so ließ sich doch bei entsprechenden Vergleichsversuchen auch an dem Prüfgestell feststellen, daß beim Verarbeiten von mattierter Zellwolle ein größerer Läuferverschleiß auftritt als bei glänzender Zellwolle (vergl. hierzu Abb. 64).

Mitunter finden sich in Spinnereibetrieben stärkere Kalkablagerungen in Staubform. Das ist insbesondere in Kammgarnspinnereien zu beobachten, wo mit einer verhältnismäßig hohen Luftfeuchtigkeit gearbeitet und durch Befeuchtungsanlagen bezw. Klimaanlagen mit Übersättigungsvorrichtungen feinverteiltes Wasser direkt in den Raum gesprüht wird. In solchen Fällen sollte ein möglichst weiches kalkfreies Wasser Verwendung finden, welches leider nicht immer in ausreichender Menge zur Verfügung steht.

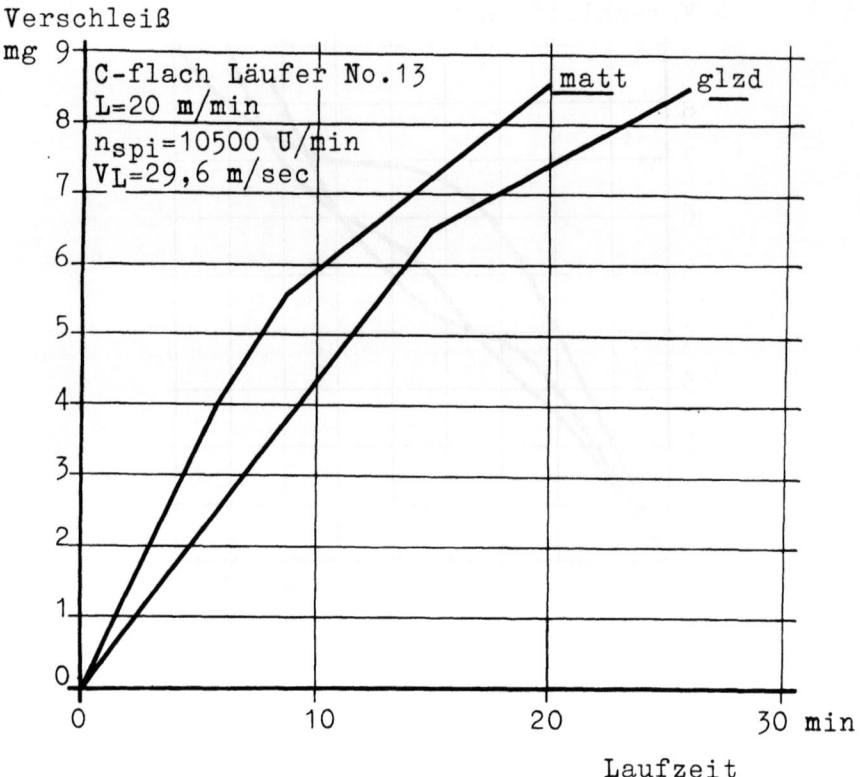

Abbildung 64
Läuferverschleiß bei glänzender und mattierter Zellwolle

Der Kalkstaub setzt sich auf den Läufern und auf der Ringbahn ab und wirkt hierbei wie ein Schmirgelpulver. Vielfach ist der Staub, wie aus Abbildung 65 ersichtlich ist, als Schicht auf den Läufern zu finden, wobei er sich vorzugsweise auf der Vorderseite der Läufer in Laufrichtung niederschlägt.

Verbunden mit einem raschen Verschleiß der Läufer und demzufolge einer jeweils nur kurzen Einsatzmöglichkeit, ist meist auch eine stärkere Abnutzung der Ringe, die mitunter nach mehrmonatlicher Laufzeit bei Anwendung von normalen Läufergeschwindigkeiten schon soweit verbraucht sind, daß sie ersetzt werden müssen.

Um bei einschlägigen Versuchen Zahlenwerte für den Verschleiß der Läufer zu finden, wurde beobachtet und registriert, nach welcher Zeit neu eingesetzte Läufer unbrauchbar werden bzw. durch völligen Verschleiß herausfliegen.

Die Kurve in Abbildung 66 zeigt, daß sich bis zu 8 Betriebsstunden praktisch noch alle Läufer im Einsatz befanden. Im Verlauf der nächsten 3

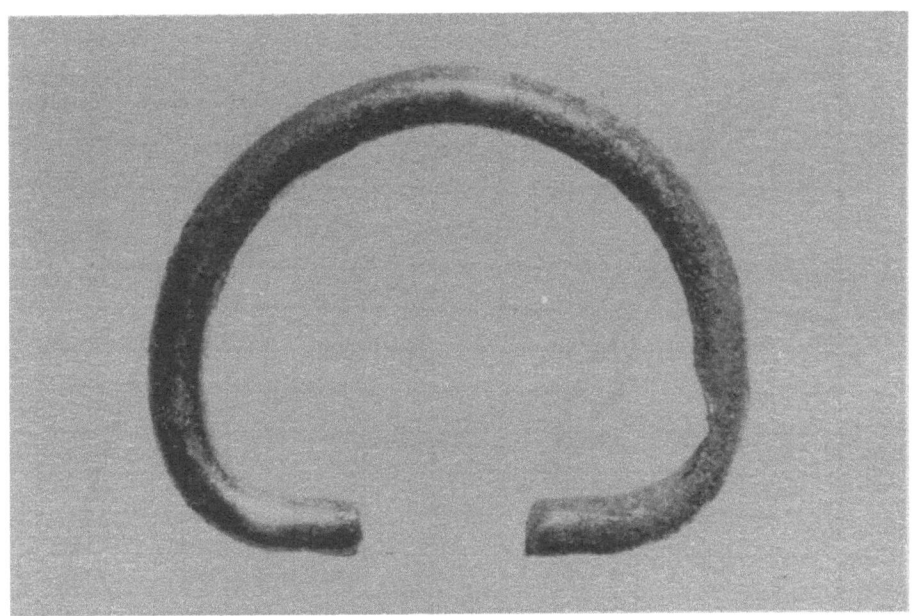

Abbildung 65
Staubablagerungen auf einem Läufer

Stunden waren dagegen bereits 1/3 ausgefallen. Die Kurve fällt dann weiterhin stark ab. Beim vorsichtigen Herausnehmen einzelner Läufer zeigen sich starke Verschleißerscheinungen.

In Abschnitt 11 wird der Einfluß von Schmiermitteln auf Laufdauer und Laufeigenschaften behandelt. Bei den vorstehend beschriebenen Betriebsuntersuchungen wurde durch Besprühen mit einem dafür geeigneten Öl versucht, auf die Abnutzungserscheinungen Einfluß zu nehmen. Die Auswirkungen sind aus der gestrichelt in Abbildung 66 eingetragenen Kurve zu ersehen. Wenn dabei eigenartige Umkehrpunkte zu beobachten sind, dann ist dies zweifellos darauf zurückzuführen, daß zu einem bestimmten Zeitpunkt der aufgebrachte Schmierfilm wieder verbraucht war, und nunmehr die Verschleißerscheinung in dem ursprünglichen Umfang erneut auftrat.

Interessante Beobachten wurden an Ringen gemacht, deren Oberfläche durch längere Lagerung im Freien starke Rostnarben davongetragen hat (Abb.67). Die Ringe wurden gereinigt, leicht nachpoliert und wieder zum Einsatz gebracht. Überraschenderweise ergab sich, daß bei Vergleichen mit neuen Ringen der Läuferverschleiß geringer blieb. Diese Beobachtung erschien zunächst unglaubwürdig, konnte aber durch entsprechende Prüfungen im Laboratorium bestätigt werden.

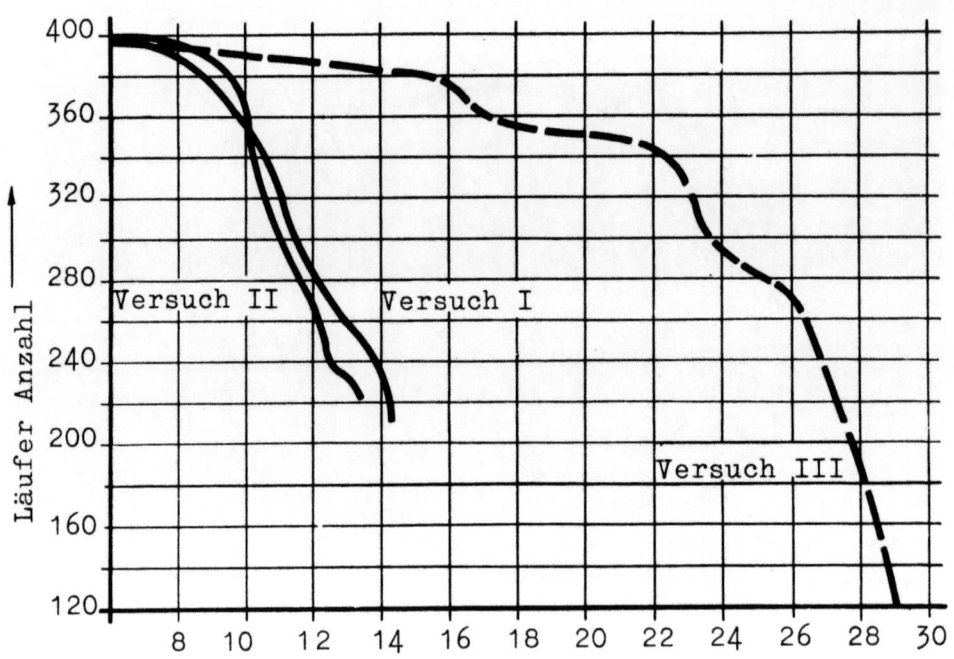

Abbildung 66
Läuferlaufzeiten an einer Kammgarnringspinnmaschine

Abbildung 67
Ring mit Rostnarben

Um entsprechende Einblicke zu gewinnen wurden neue normale Ringe vergleichend solchen aufgearbeiteten Ringen gegenübergestellt. Die gefundenen Ergebnisse sind aus Abbildung 68 zu ersehen. Auch hierbei zeigte sich, daß der Abrieb eines unter genau gleichen Voraussetzungen arbeitenden Läufers auf dem Ring mit Rostnarben geringer blieb.

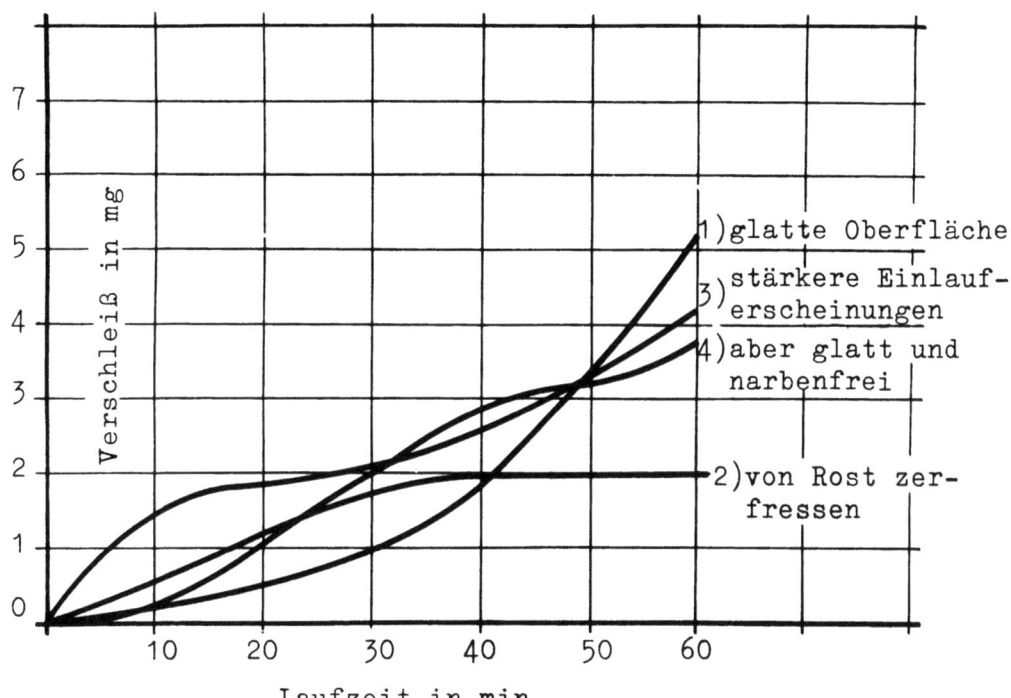

Abbildung 68
Läuferverschleiß in Abhängigkeit von der
Oberflächenbeschaffenheit der Ringe

Eine Erklärung kann nur dahin gegeben bzw. gefunden werden, daß die Rostnarben bzw. die rauhe Ringbahn dem Läufer Veranlassung geben, nicht immer in gleicher Lage die Ringbahn zu umkreisen, sondern sich ungleichmäßig fortzubewegen. Dadurch kommt er in immer unterschiedlichen Lagen mit dem Ringflansch in Berührung. Eine starke örtliche Erwärmung wird vermieden, der Verschleiß legt sich auf eine breitere Fläche des Läuferbogens. Er bleibt im übrigen geringer, da eine bessere Wärmeverteilung erfolgt und eine Überhitzung und damit eine Härteminderung des Läufers vermieden wird.

Selbstverständlich ist nicht anzunehmen, daß ein solcher Läufer dem Faden eine völlig gleichmäßige Fadenspannung vermittelt. Durch seine

"Unruhe", die auch mit dem Lichtblitzstroboskop sichtbar gemacht werden konnte, werden sich vielmehr Spannungsspitzen und Spannungstäler ergeben. Deutlich ist das aus den mit Abbildung 69 gezeigten Diagrammen zu erkennen. Hier ist nicht mehr ein gleichmäßiges An- und Abschwellen der Fadenspannung während eines Läuferumlaufs gegeben. Vielmehr überlagern sich diese, insbesondere beim Winden auf die Copsspitze, wieder deutlich erkennbaren Fadenzugspitzen, die zweifellos darauf zurückgeführt werden müssen, daß der Läufer in immer anderen Lagen die verschiedenen Stellen des Ringes passiert.

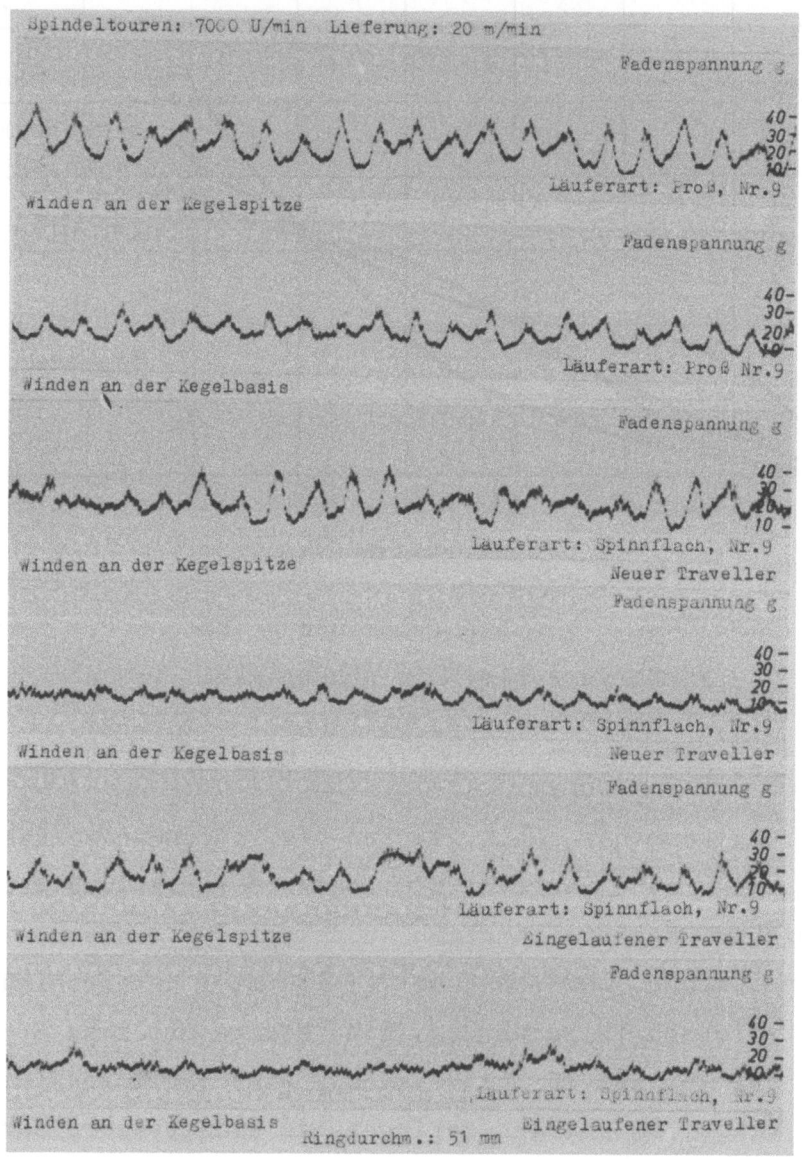

A b b i l d u n g 69
Fadenspannungsunruhe bei Verwendung eines
Ringes mit Rostnarben

11. Zuführung von Schmiermitteln durch den Faden

Bei den Ringen mit T-förmigen Profilen wird der Ringbahn bzw. dem Läufer kein besonderes Schmiermittel zugeführt. Der Läufer kreist vielmehr "trocken" mit großer Geschwindigkeit auf der Innenseite des oberen Ringflansches.

Es ist anzunehmen, daß sich die Reibungsverhältnisse verbessern bzw. der Reibungskoeffizient absinkt, wenn Schmiermittel aufgebracht wird. In Zwirnereien werden die Ringe vielfach "gefettet". Das Bedienungspersonal bringt vor Inbetriebnahme, d.h. also insbesondere beim Absetzen neuer Copse Fett auf die Ringbahn, das sich entsprechend verteilt und dadurch den erwünschten Schmierfilm erzeugt.

Es kann nicht angenommen werden, daß sich dieser Schmierfilm längere Zeit hält. Tatsächlich ist auch meist festzustellen, daß nach einiger Zeit die Fadenspannungen anwachsen. Sie werden bei der Zwirnmaschine kaum zu Fadenbrüchen führen, immerhin sind natürlich nicht nur für Ring und Läufer, sondern auch für den zu verzwirnenden und aufzuwindenden Faden recht unterschiedliche Verhältnisse gegeben, welche Einfluß auf die Dehnungseigenschaften nehmen.

Wird der Faden oberhalb der Öse über einen mit Öl getränkten Docht geführt, dann kann auf diese Weise, d.h. über den Faden dem Läufer und damit der Ringbahn ein Schmiermittel zugeführt werden. Aus einschlägigen Versuchsreihen stammt die Abbildung 70. Hier wurde auf einem normalen Ring mit T-Profil eine Kupferkunstseide gezwirnt. Das am Lieferwalzenpaar austretende Fadenmaterial lief über einen mit Öl getränkten Docht. Dabei stellten sich bestimmte in der Größenordnung von etwa 18 - 28 g liegende Fadenspannungen ein.

Anschließend wurde dann das gleiche Fadenmaterial während des Laufes mit Tetrachlorkohlenstoff benetzt. Es zeigt sich, daß hierdurch der Schmierfilm im Verlauf einiger weniger Lagenspiele aufgelöst wird, und daß nunmehr die mit Auf- und Abgehen der Ringbank schwankenden Fadenspannungen auf etwa 38 bis 55 g ansteigen.

Erneute Ölzufuhr hat ein Abklingen der Fadenspannungen auf den ursprünglichen Wert zur Folge. Mit dem Zurückgehen der Reibungskräfte am Läufer wird zweifellos eine Verringerung des Abriebes bzw. des Läuferverschleißes verbunden sein. Das war mit einer weiteren Versuchsreihe zu klären, deren Ergebnisse aus der Tabelle 3 ersichtlich sind.

Während unter den gegebenen Voraussetzungen für einen geschmierten bzw. mit Öl betupftem Ring kein bzw. nur ein sehr geringer Abrieb festzustellen ist, zeigen sich bei der angewandten Spindeldrehzahl und der Versuchsdauer von 5 Minuten bei einem trocken gehaltenen Ring schon recht erhebliche Gewichtsverluste.

Es kann angenommen werden, daß dem Faden in Form von Baumwollwachs, Wollfett, aufgebrachten Avivagen und Schmälzen, anhaftende Schmiermittel die Aufgabe übernehmen, Ringbahn und Läufer einzufetten, das war mit dem in

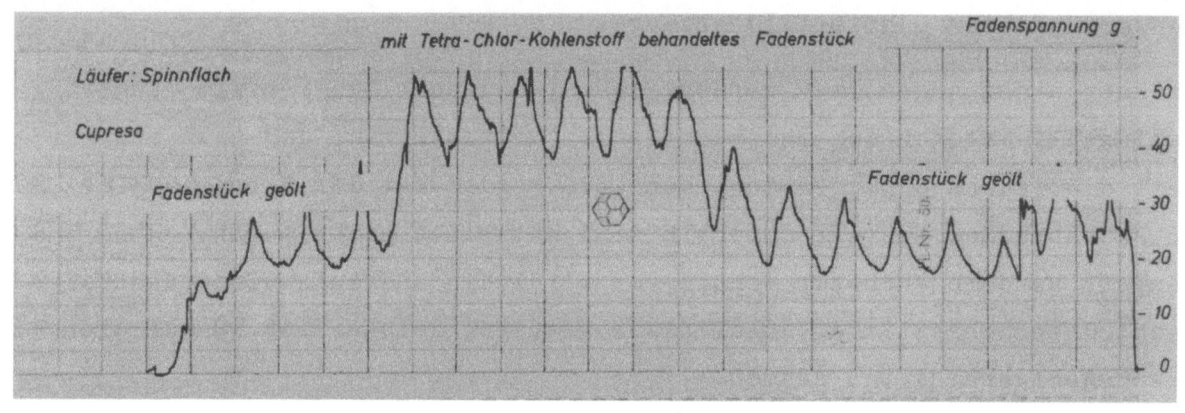

Abbildung 70
Beeinflußung der Fadenspannung durch Schmiermittelzufuhr

Abbildung 71 gezeigten Versuch nachzuweisen. Hier wurde ein normales Baumwollmaterial gezwirnt. Es stellten sich die dem rechten Teil der Kurve zu entnehmenden Fadenspannungen ein. Nachdem der Faden oberhalb der Öse laufend mit Tetrachlorkohlenstoff benetzt wurde, stiegen die Fadenspannungen an, was darauf schließen läßt, daß hierdurch der Schmierfilm aufgelöst wurde und nun wirklich eine "trockene Reibung" erfolgte. Der Kurvenverlauf zeigt weiterhin, daß eine ziemliche Zeit vergeht, ehe sich ein neuer Schmierfilm gebildet hat. Das ist verständlich, da zweifellos die durch den Faden nachgebrachten Schmiersubstanzen verhältnismäßig gering sind, und ein neues Aufspeichern deshalb längere Zeit in Anspruch nimmt.

Wenn in der praktischen Spinnerei festgestellt wird, daß verschiedene Fadenmaterialien unterschiedliche Laufverhältnisse und -zeiten bzw.

Tabelle 3

Einfluß der Ringschmierung bei eingehängtem Faden

Prüfdaten: n_{spi} = 7500 U/min   Ring $\emptyset$ = 48 mm v_L = 18,9 m/sec

je 10 Einzelversuche, Laufzeit pro Versuch 5 min

Ring ohne Schmiermittel			Ring mit Öl betupft		
Läufergewicht mg:			Läufergewicht mg:		
vorher	nachher	Gewichtsverlust	vorher	nachher	Gewichtsverlust
107,5	105,3	2,2	1o6,7	106,7	0,0
107,2	105,8	1,4	107,5	107,5	0,0
107,7	107,2	0,5	107,5	107,3	0,2
106,8	104,3	2,5	107,6	107,6	0,0
106,8	106,2	0,6	107,9	107,9	0,0
106,8	102,1	4,7	107,1	106,6	0,5
108,2	106,8	1,4	107,7	107,7	0,0
106,5	104,3	2,2	105,5	105,5	0,0
107,9	105,5	2,4	107,3	107,2	0,1
106,7	104,2	2,5	107,7	107,7	0,0
Durchschnittlicher Gewichtsverlust:					
bei ungeschmiertem Ring: 2,04 mg			bei geschmiertem Ring: 0,10 mg		

Verschleiß für die Läufer ergeben, dann ist nach den vorstehend gemachten Angaben hierfür leicht eine Erklärung zu finden. Die dem Faden anhaftenden Schmiersubstanzen werden in ihrer Menge verschieden sein. Selbstverständlich kann auch der Schmiermittelverbrauch an der Ringbahn unterschiedliche Größe annehmen, je nachdem ob mit einem schweren oder mit einem leichteren Läufer gearbeitet wird. Schließlich ist noch die Art des Schmiermittels stark unterschiedlich. Insbesondere hat dies für Chemiefasern zu gelten, bei denen die aufgebrachte Avivage die Schmierwirkung zu übernehmen hat.

Wenn bei irgendwelchen Nachbehandlungen (Färben, Bleichen und dergl.) festgestellt wird, daß sich eine bestimmte Materialart plötzlich schwer

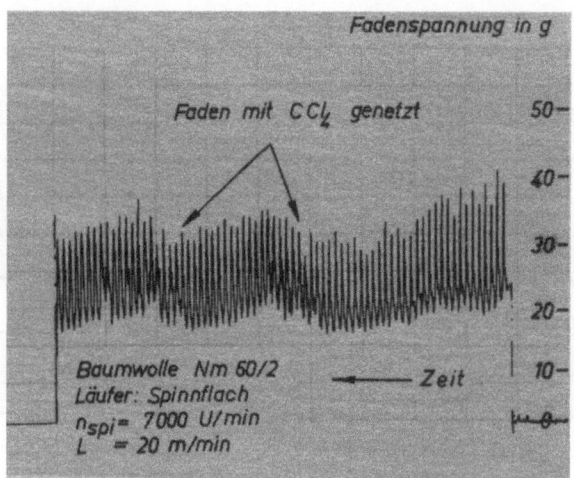

Abbildung 71
Schmierwirkung des Baumwollwachses

verspinnen oder verzwirnen läßt, dann ist sicher sehr oft hierfür maßgebend, daß die ursprünglich vom Herstellerwerk aufgebrachten Mittel nicht die für den Spinn- und Aufwindevorgang erwünschten günstigen Eigenschaften aufweisen.

Mit Abbildung 72 wird die mikroskopische Aufnahme eines eigenartig aufgerauhten Fadens gezeigt. Büschelartig stehen hier in etwa gleich kurzem

Abbildung 72
Durch Läufer aufgerauhter Zwirn

Abstand einzelne Fasern vor. Die Enden scheinen abgeschnitten oder abgeschmolzen. Das Fadenmaterial stammt von einer Ringzwirnmaschine. Trotz stark verminderter Drehzahl fielen die Läufer schon nach verhältnismäßig kurzer Laufzeit aus, weil die Füßchen einem so starken Verschleiß unterlagen, daß sie während des Zwirnvorganges abbrachen und herausflogen.

Es handelte sich um ein Material, das in Kreuzspulenform eine bestimmte Färbung erhielt. Während die Verarbeitung zu Zwirn in rohweißem Zustand ohne jede Schwierigkeit durchzuführen war, konnte das gefärbte Material in einem ordnungsgemäßen Arbeitsgang nicht über die Zwirnmaschine geführt werden. Zweifellos ist hierfür einmal eine durch abgesplitterte Farbsubstanzen auftretende Staubbildung verantwortlich zu machen. Außerdem war es aber scheinbar nicht möglich, die Fadenoberfläche nach dem Färbeprozeß wieder so zu avivieren, daß dem Ring- bzw. Läufer der für die Gleitvorgänge notwendige Schmierfilm vermittelt wurde.

Bei einer weiteren Auswertung der Versuchsergebnisse war noch festzustellenlen, daß das Aufrauhen bzw. das Herausreißen einzelner Faserbüschel offensichtlich bei jedem Läuferumlauf erfolgte. Aus Lieferung und Spindel- bzw. Läuferdrehzahl ließ sich jedenfalls eine Fadenlänge ermitteln, die mit dem Abstand der Zerstörungen an der Fadenoberfläche in Übereinstimmung steht. Werden solche Fäden in der Weberei weiter verarbeitet, dann zeigen sich nach der endgültigen Ausrüstung vielfach eigenartige Glanzeffekte. Diese werden dadurch hervorgerufen, daß die vorstehenden Faserbüschel eine besondere Lichtbrechung bewirken und hierdurch dem betreffenden Fadenstück ein anderes Aussehen verleihen.

12. Erreichbare Höchstgeschwindigkeiten

Bei Ringspinnmaschinen ist die höchstmögliche Spindeldrehzahl und damit die Läuferumlaufgeschwindigkeit durch verschiedene Faktoren begrenzt.

Mit Rücksicht auf die Streckwerksarbeit kann die Liefergeschwindigkeit nicht beliebig gesteigert werden. Auch wird das Anlegen gebrochener Fadenenden schwierig, wenn das Fasermaterial vom Vorderwalzenpaar mit zu großer Geschwindigkeit ausgeliefert wird. Um eine zu große Ballonausweitung zu vermeiden, muß bei höheren Spindelgeschwindigkeiten im allgemeinen auch mit verhältnismäßig schweren Läufern gearbeitet werden. Hierdurch steigt die Neigung zu Fadenbrüchen, wobei diese, wie aus den vorstehend gemachten Ausführungen ersichtlich ist, meist nicht durch unzulässig hohe mittlere Fadenspannungen verursacht werden, vielmehr durch die "Läuferunruhe" starke stoßartige Fadenspannungsbeanspruchungen auftreten, die für das am Streckwerksaustritt noch ungefestigte Fadenmaterial unzulässige Beanspruchungen ergeben und zum Fadenbruch führen.

Bei fester gedrehten, insbesondere gekämmten Baumwollgespinsten und auch bei Zellwollmaterial wird eine weitere Heraufsetzung der Spindelgeschwindigkeit aber vielfach dadurch unmöglich, daß an Läufern und auch an Ringen zu hohe Verschleißerscheinungen auftreten.

Unter normalen Voraussetzungen sind Läufergeschwindigkeiten bis zu 24 m/sec. zu erreichen. Wenn mitunter schon bei weit unter 20 m/sec. unzulässig hohe Verschleißerscheinungen auftreten, dann dürfte dies darauf zurückzuführen sein, daß der Läufer praktisch trocken auf der Ringbahn kreist, und daß ein genügender Schmierfilm fehlt, der örtlich auftretende Erwärmungen vermindert und die Verschleißerscheinungen auf ein verträgliches Maß reduziert.

Für Zwirnmaschinen hat zu gelten, daß auf die Liefergeschwindigkeit und auf die Fadenfestigkeit keine Rücksicht genommen zu werden braucht. Hier bestimmen also die Beherrschung der Ballongröße und die Verschleißerscheinungen am Läufer und an den Ringen die jeweils erreichbaren höchsten Spindeldrehzahlen.

Bei Vergleich von Spindeldrehzahlen, die in den verschiedenen Betrieben jetzt bzw. in früheren Zeiten erreicht wurden, bleibt vielfach unberücksichtigt, daß mit der laufenden Vergrößerung der Copsgewichte und damit der Copsabmessungen die Voraussetzungen für die Zwirnwerkzeuge dauernd verschlechtert wurden.

Nicht nur eine Erhöhung der Spindeldrehzahl sondern natürlich auch eine Vergrößerung des Ringdurchmessers ergeben eine Erhöhung der Umlaufgeschwindigkeit für den Läufer.

Spindeldrehzahlen, die mit einem Ring von beispielsweise 40 mm noch zulässig waren, ohne daß ein übermäßiger Läuferverschleiß auftrat, sind mit einem Ringdurchmesser von 50 mm unter Umständen nicht mehr zu erreichen.

Da eine Schmierung des Läufers durch den Faden in der Praxis nicht ohne weiteres durchzuführen ist, finden vorzugsweise in der Zwirnerei aber auch in der Kammgarnspinnerei selbstschmierende Ringe Verwendung. Hierbei wird der eigentlichen Lauffläche im Ring und damit natürlich auch dem Läufer durch Docht oder auch durch besondere Einspritzvorrichtungen laufend Schmiermittel zugeführt.

Für eine Selbstschmierung sind die einfachen Ringe mit T-Profil nicht ohne weiteres geeignet. Es wurden deshalb besondere Ringformen und dazu passende Läuferformen entwickelt, auf die in dem Abschnitt 13 noch kurz zusammenfassend eingegangen werden soll.

13. HZ-Ringe, ohrförmige Läufer

Auf die gebräuchlichen Ringformen, die für eine Selbstschmierung vorgesehen und geeignet sind, wurde bereits im Abschnitt 3 kurz eingegangen.

Für die in solche Ringe einzusetzenden ohrförmigen Läufer sind insofern andere Voraussetzungen gegeben, als für C-Läufer in T-förmigen Profilen von vornherein mit einer Mehrpunktberührung im Ring gerechnet werden muß.

Von der Fliehkraft abhängig (vergl. hierzu Abb. 73) ist dabei nur der auf die Innenfläche des Ringes vom Läufer ausgeübte Preßdruck.

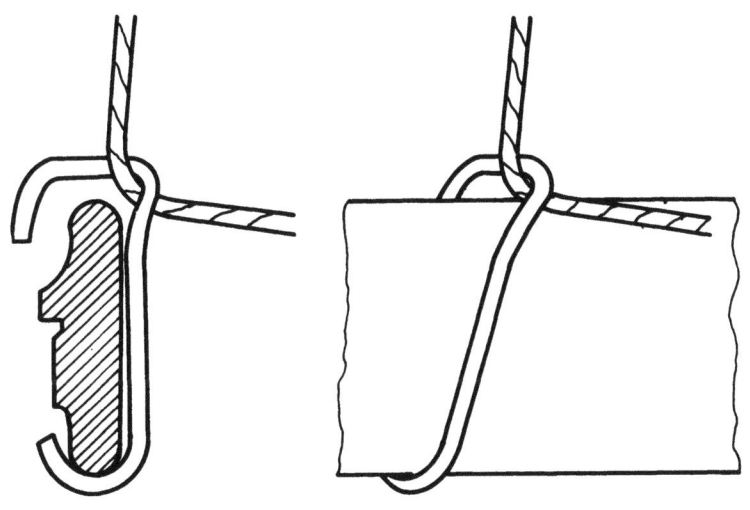

Abbildung 73
Lage des ohrförmigen Läufers im Ring (schematisch)

Der Läufer legt sich durch die nach oben gerichtete Fadenzugkomponente mit seinem Füßchen unten am Ringflansch an. Auch hier entsteht also eine Reibungsarbeit, die den Läufer zurückhält, deren Größe aber nicht erfaßt und angegeben werden kann.

Zurückgehalten durch die Reibungskraft an der Lauffläche innen am Ring und unten am Flansch erfährt der ohrförmige Läufer dem Zug des Fadens folgend wie der C-Läufer eine Schräglage, wobei er sich in Laufrichtung nach vorn neigt. Die Einstellung ist aus der an einer Bastfaserringspinnmaschine gemachten Aufnahme im stroboskopischen Licht Abbildung 74 deutlich zu erkennen. Vielfach ist die Schräglage so groß, daß auch das obere Läuferfüßchen, in dessen ausgebogenem Knie der Faden angreift, mit dem oberen Ringflansch in Berührung kommt.

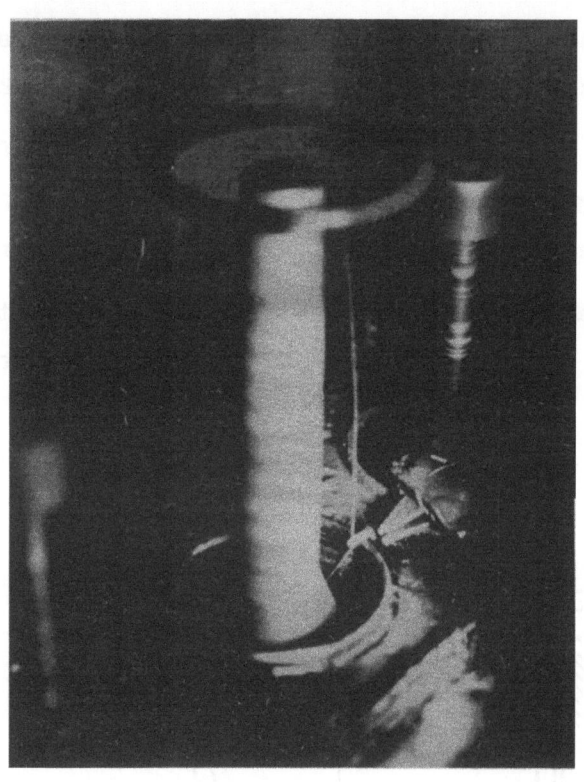

A b b i l d u n g 74
Ohrförmiger Läufer im stroboskopischen Licht
(Bastfaserringspinnmaschine)

Das Schmiermittel wird im allgemeinen durch Docht oder auch durch kleine Löcher in der Ringbahn der eigentlichen Lauffläche zugeführt (vergl. hierzu die Abb. 75 u. 79). Da das Schmiermittel nach unten abtropft, wird auch der untere Ringflansch entsprechend mit einem Schmierfilm versehen.

Anders liegen dagegen die Verhältnisse für den oberen Ringflansch. Hier wird, wenn sich der Läufer zu weit nach vorn neigt, mit einer "trockenen Reibung" zu rechnen sein. Werden die Anpreßkräfte hoch, dann sind

Abbildung 75

Verschleißerscheinung an einem Ring mit Dochtschmierung

entsprechende Verschleißerscheinungen zu erwarten. Insbesondere bei den schweren Bronceläufern für Cordringzwirnmaschinen ist vielfach zu beobachten, daß das obere Läuferfüßchen stark eingesägt wird (vergl.hierzu Abb. 76) und dort viel stärker verschleißt, als an der eigentlichen Lauffläche.

Eine Anlage am oberen Ringflansch hat eine entsprechende Druckerhöhung zweifellos auch am unteren Ringflansch zur Folge. Der Läufer verklemmt dabei und es können durchaus Reibungskräfte auftreten, die nicht nur die erwähnten Verschleißerscheinungen an der ungeschmierten Ringbahn zur Folge haben, sondern auch recht erhebliche Fadenspannungen erzeugen.

In diesem Zusammenhang ist das Fadenzugdiagramm Abbildung 77 zu zeigen. Dieses wurde an einer Cordringzwirnmaschine aufgenommen und zeigt eigenartige Vorgänge während eines Auf- und Abgehens der Ringbank. Erläuternd ist hierzu noch anzugeben, daß bei einer solchen Cordringzwirnmaschine bekanntlich auf zylindrische Spulen gewunden wird. Ein Ringbankhub während eines Lagenspiels geht also jeweils über die gesamte Spulenhöhe.

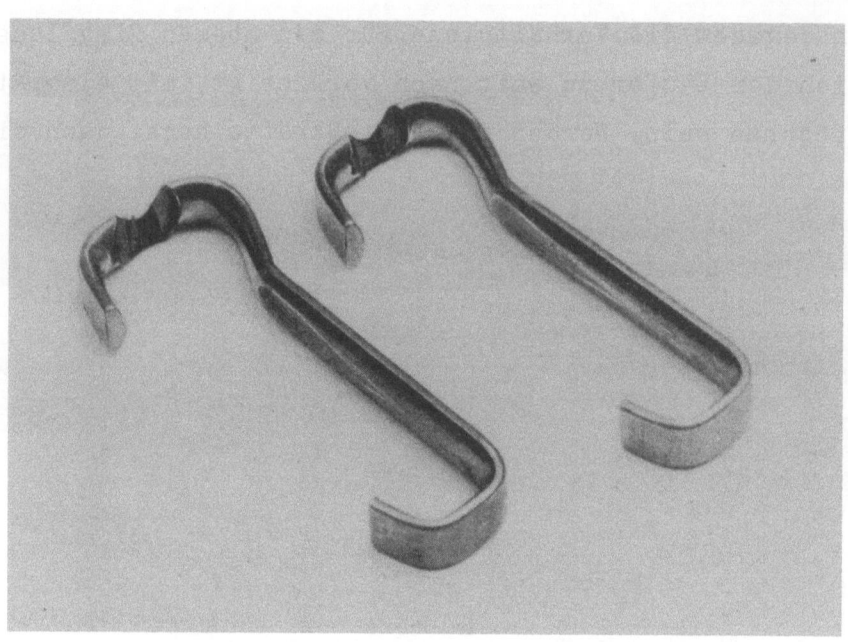

Abbildung 76

Stark abgenutzte ohrförmige Läufer aus einer
Cord-Auszwirnmaschine

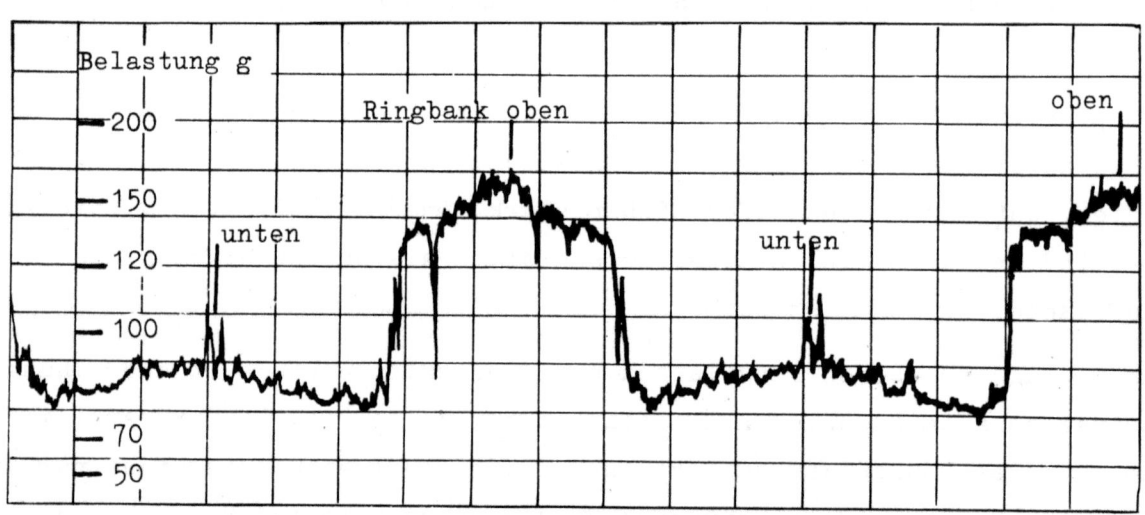

Abbildung 77

Fadenzugänderung bei einer Cordauszwirnmaschine
während eines Lagenspieles

Zu erwarten wäre, daß sich die oberhalb der Führungsöse gemessenen Fadenspannungen für einen Ringbankhub nur wenig ändern und lediglich die unterschiedlich großen am Fadenballon wirksamen Fliehkräfte zur Anzeige kommen. Dabei ist vorausgesetzt, daß wegen der beschränkten Platzverhältnisse die Fadenführungsöse zwar bewegt wird, am Ringbankhub aber nur in vermindertem Maße teilnimmt. Tatsächlich läßt sich auch eine solche Tendenz erkennen. Eigenartigerweise wird aber die Kurve an einer bestimmten Stellung der Ringbank während des Aufwärtswanderns stark verschoben, um dann ebenso plötzlich bei Wiederabwärtswandern der Ringbank an praktisch gleicher Stelle wieder an den ursprünglichen Wert abzufallen.

Zweifellos ist dieses Spiel darauf zurückzuführen, daß durch die wirksamen Fadenzugkomponenten der Läufer für das Winden der oberen Lagen auf der Zwirnspule steiler im Ring aufgerichtet wird, während er bei den tieferen Stellungen der Ringbank eine größere Schräglage einnimmt und dabei auch mit seinem oberen Läuferfüßchen am Ringflansch zur Anlage kommt.

Das aufgenommene Diagramm ist nicht als ein ausgesprochener Einzelfall, bedingt durch besonders ungünstige Voraussetzungen anzusehen; vielmehr wurden bei solchen Fadenspannungsmessungen an Ringzwirnmaschinen häufig eigenartige Sprünge im Verlauf der Fadenspannungskurve festgestellt, die zweifellos auf eine unterschiedliche Mehrpunktberührung des Läufers im Ring zurückzuführen sind.

Auch bei ohrförmigen Läufern kann natürlich nicht angenommen werden, daß sich diese völlig gleichmäßig in einer durch die Fadenzugkomponente gegebenen Schräglage gleitend auf der Ringbank fortbewegen. Auch hierbei sind vielmehr, verursacht durch verschiedenste Unzulänglichkeiten (schlecht ausgerichtete Spindeln und Fadenführungsösen, Unebenheiten in der Ringbahn, Streifen an Ballonbegrenzer und dergl.) zusätzliche Bewegungsvorgänge zu erwarten, die ein Schwingen bzw. ein hüpfendes Vorwärtsbewegen des Läufers zur Folge haben.

Bei dem mit Abbildung 75 gezeigten HZ-Ring, der für die Erzeugung eines Schmierfilms auf der Lauffläche mit einem eingelegten Docht versehen ist, zeigen sich deutlich starke Verschleißerscheinungen oben am Ringflansch, wobei auf der gegenüberliegenden Ringseite ein ausgeprägter Ansatz zu erkennen ist. Zweifellos hat hier also der Läufer eine sich mit jedem Umlauf entsprechend schließende Schwingsbewegung ausgeführt, die ihn mit unterschiedlichem Druck auf dem oberen Ringflansch zur Anlage brachte. Ausgelöst wurde diese Schwingbewegung durch die für den Docht angebrachte Nut. Diese verläuft nicht geradlinig, ist vielmehr in einer auf- und abschwingenden Welle geführt, um eine möglichst gute Verteilung des Schmiermittels zu erreichen. Die scharfe Kante der Führungsnut gab anderseits Veranlassung, daß der Läufer unterschiedlich mitgenommen und verschwenkt wird, um, wie ganz deutlich aus dem Foto ersichtlich, sich dann plötzlich von einer gegebenen Schräglage aus wieder aufzurichten.

Der mit Löchern für das Einbringen des Schmiermittels versehene Ring Abbildung 78 zeigt ausgesprochene "Rattermarken". Diese lassen erkennen, daß sich der Läufer nicht gleichmäßig kreisend, sondern hüpfend vorwärtsbewegt hat, wobei sich diese kurzen Schwingbewegungen bei jedem Umlauf in immer gleicher Folge wiederholten. Ausgelöst wurden sie offensichtlich dadurch, daß die eigentliche Führungsbahn durch die Schmierlöcher etwas unterbrochen ist. Hier jedenfalls treten die Verschleißerscheinungen besonders deutlich zu Tage.

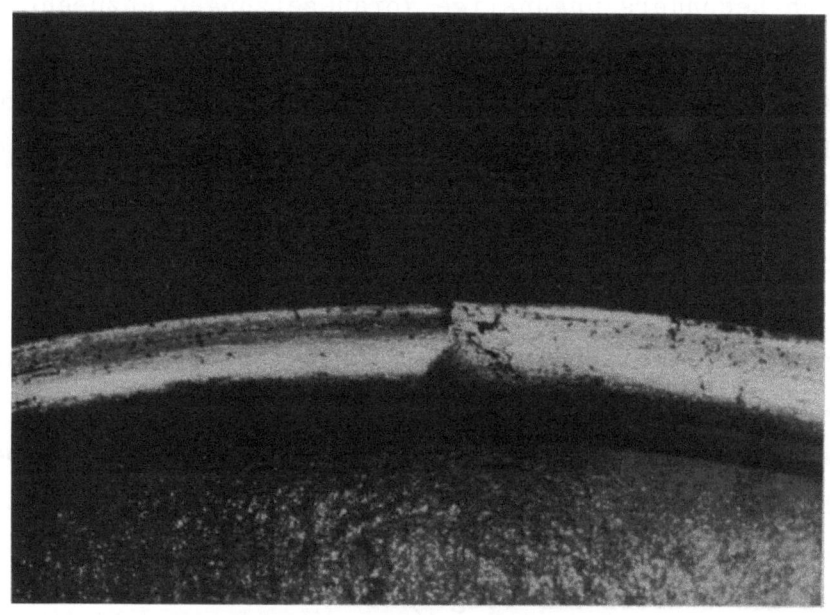

A b b i l d u n g 78
Ring mit Rattermarken

Von Interesse sind in diesem Zusammenhang die im stroboskopischen Licht gemachten Aufnahmen Abbildung 80 und 81. Hierfür fand ein Herr-Ring Verwendung, bei dem im Gegensatz zum normalen HZ-Ring von vornherein damit gerechnet wird, daß auch das obere Läuferfüßchen am Ringflansch anliegt und während des Arbeitens dauernd mit diesem in Berührung bleibt. Zu diesem Zweck ist (vergl. hierzu Abb. 82) sowohl der obere Ringflansch als auch die eigentliche Laufbahn gegenüber der Vertikalen geneigt. Durch die an ihm wirksame Fliehkraft wird der Läufer auf beide Flächen entsprechend aufgepreßt.

Um stärkere Verschleißerscheinungen am oberen Ringflansch zu vermeiden, wird diesem durch geeignete Einrichtungen Schmiermittel zugeführt. Diesem Zweck dienen die beiden aus Abbildung 79 ersichtlichen Schmierlöcher. Diese wurden im vorliegenden Fall noch durch eine besondere Nut miteinander verbunden, um hier eine gewisse Reserve entstehen zu lassen, die für eine besondere intensive Schmierung sorgt.

A b b i l d u n g 79
Herr-Ring mit verschlissener Schmiermulde

Offenbar sind die an den verbleibenden Stegen durch den Anpreßdruck des Läufers gegebenen Beanspruchungen zu hoch gewesen und haben einen entsprechenden Verschleiß nicht nur des Läufers, sondern auch der oberen Ringlaufbahn bewirkt. Hinter den Schmierlöchern bzw. der Schmiernut ist, in Laufrichtung gesehen, deutlich ein Ansatz im Ringflansch erkennbar. Offensichtlich macht also auch hier der Läufer periodisch mit jedem Umlauf wiederkehrend eine Schwingbewegung, wobei er sich unterschiedlich schräg einstellt (vergl. Abb. 80).

Forschungsberichte des Wirtschafts- und Verkehrsministeriums Nordrhein-Westfalen

Vor der Schmiermulde

In der Schmiermulde

5 mm nach der Schmiermulde

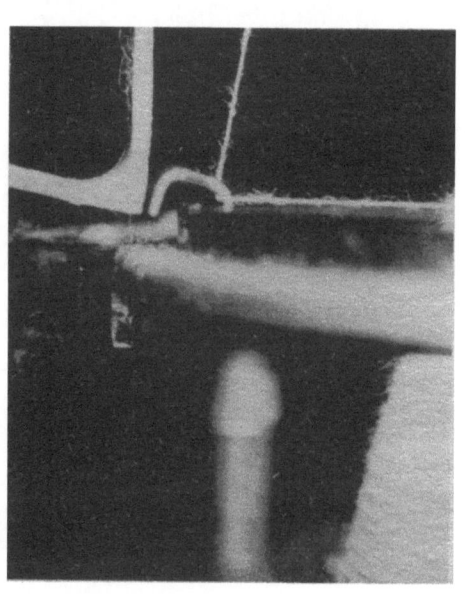
15 mm nach der Schmiermulde

A b b i l d u n g 80
Läuferlagen im Herr-Ring
Läufer: Spezialrund-V Nr. 19
(von der Seite gesehen)

Die 4 Einzelabbildungen zeigen dabei das obere Läuferfüßchen, in das der Faden entsprechend eingehängt wird, im stroboskopischen Licht. Die erste Aufnahme gilt für die Läuferstellung kurz vor der Schmiermulde. Hier liegt das obere Füßchen, wie zu erwarten, fest am Ringflansch an.

Das Gleiche gilt auch für die 2. Abbildung. Der Läufer ist bereits in die verschlissene Schmiermulde eingelaufen, die sich im Laufe der Zeit entsprechend ausgearbeitet hat.

Kurz hinter der Schmiermulde wird der auf Abbildung 79 deutlich sichtbare Ansatz wirksam. Der Läufer schnellt nunmehr hoch und hat in einer Stellung 5 mm nach der Schmiermulde mit seinem oberen Läuferfüßchen den Ringflansch verlassen. Noch stärker angehoben erscheint er in Übereinstimmung mit den am Ring sichtbaren Verschleißerscheinungen etwa 15 mm nach der Schmiermulde. Im weiteren Verlauf seiner Kreisbewegung stellt er sich dann wieder normal ein, d.h. das obere Läuferfüßchen senkt sich soweit durch, daß es bei der Betrachtung im stroboskopischen Licht in gleicher Stellung wie bei der 1. Abbildung erscheint.

Recht anschaulich ist der Schwingvorgang auch den mit Abbildung 81 gezeigten Aufnahmen zu entnehmen. Hierbei wurde für eine Stellung vor und nach der Schmiermulde jeweils die Schräglage bzw. die Einstellung des Läufers für Winden auf Kegelspitze und Kegelbasis fotografiert.

Nach den Kameraaufnahmen bzw. den Beobachtungen im stroboskopischen Licht wurde schließlich noch die Abbildung 82 angefertigt. Sie zeigt schematisch im Ringprofil und von der Ringmitte auf die Lauffläche gesehen, die verschiedenen Stellungen des Läufers auf der Ringbahn, während des Durchlaufens der verschlissenen Schmiermulde.

Sofern der Faden nicht in einem entsprechend ausgebildeten Knie des oberen Läuferfüßchens angreifen kann, besteht bei einer starken Schräglage unter Umständen die Gefahr, daß er zwischen Ring und Läufer eingeklemmt und dabei beschädigt wird. Eine stroboskopische Aufnahme, die einen solchen unerwünschten Zustand bei einem HZ III RR Läufer zeigt, wird mit Abbildung 83 wiedergegeben.

Von anderer Seite wurden für selbstschmierende Ringe Läuferformen vorgeschlagen, bei denen auch während des Windens auf großen Cops- bzw. Spulendurchmesser und entsprechender Schräglage ein Streifen des oberen Läuferfüßchens am Ring mit Sicherheit zu vermeiden ist. Ohne hierzu auf nähere Einzelheiten einzugehen, wird mit Abbildung 84 gezeigt, wie ein solcher Spezialläufer beispielsweise auszubilden ist, und wie er sich im HZ-Ring beim Winden auf Spitze und Basis einstellt.

Forschungsberichte des Wirtschafts- und Verkehrsministeriums Nordrhein-Westfalen

Läufer vor der Schmiermulde
Kegelspitze

Läufer vor der Schmiermulde
Kegelbasis

Läufer nach der Schmiermulde
Kegelspitze

Läufer nach der Schmiermulde
Kegelbasis

A b b i l d u n g 81
Läuferlage im Herr-Ring
(von vorne gesehen)

Solche Läufer sind wegen der Ausführung des oberen Läuferfüßchens, die eine entsprechende Gewichtsverlagerung mit sich bringt, stark kopflastig. Damit sind verschiedene anderweitige Nachteile verbunden, so daß sich solche Konstruktionen in der Praxis nicht einführen konnten.

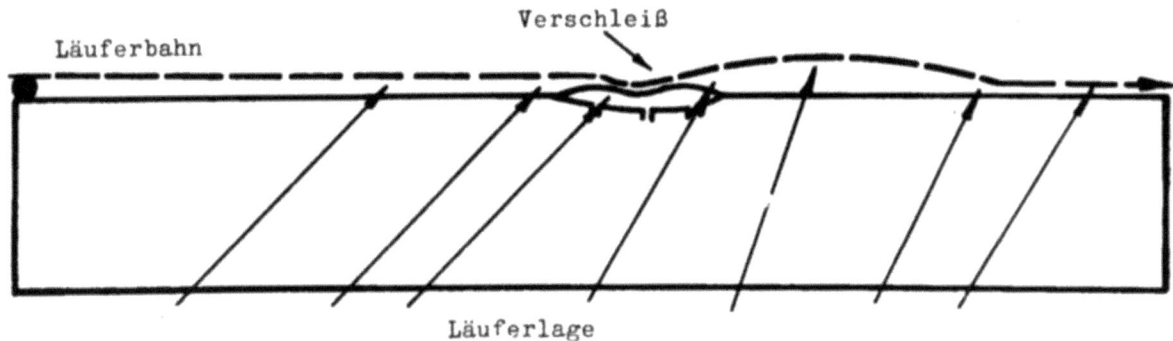

Abbildung 82
Schematische Darstellung des ohrförmigen Läufers
im Herr-Ring

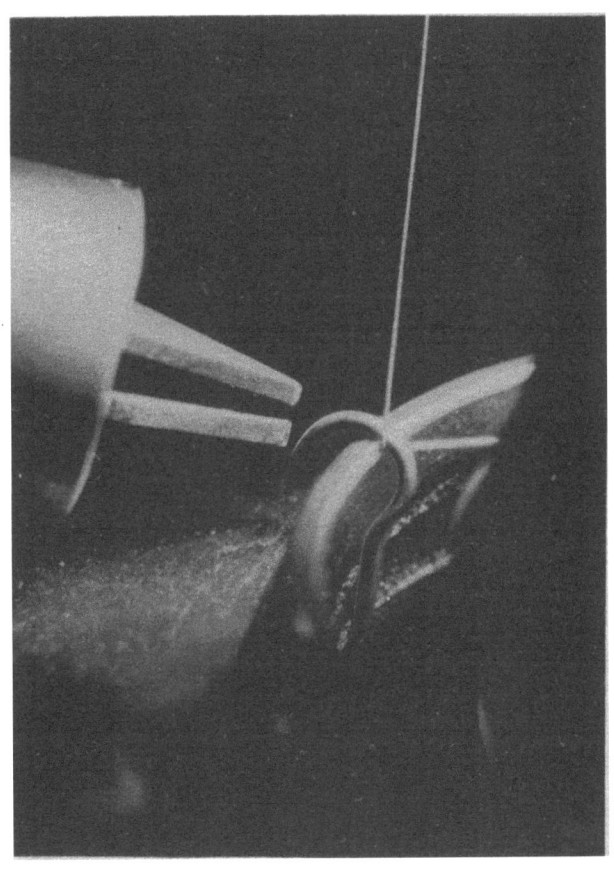

Abbildung 83
HZ III RR Läufer

Die starke Schrägstellung des Läufers im Ring ist dadurch bedingt, daß der Fadenangriff nicht dort erfolgt, wo die eigentliche Läuferarbeit entsteht, sondern daß die Führung des Fadens durch den wesentlich höher liegenden Läuferbogen entsprechende Drehmomente auslöst.

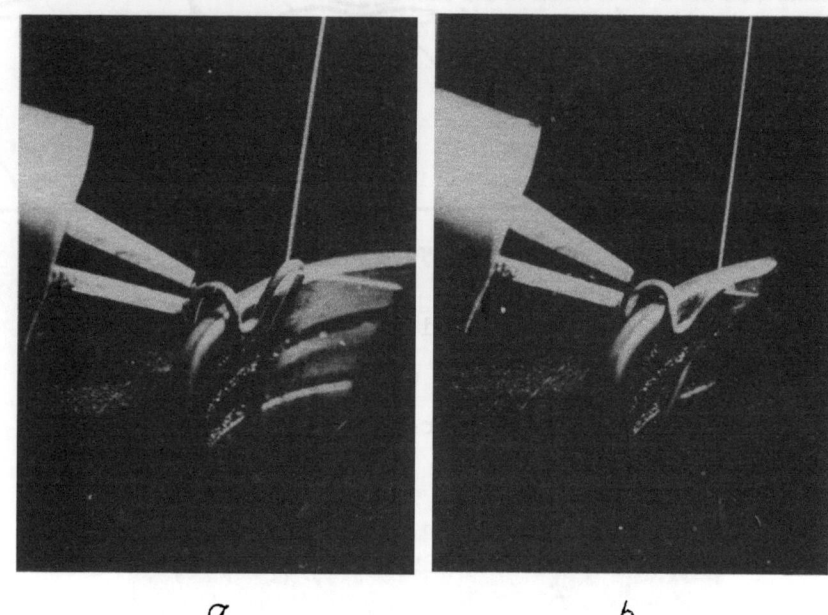

Abbildung 84
Sonderläufer beim Winden auf
a) Copsspitze und
b) Copsbasis

Versuchsweise wurden deshalb Läufer geformt, bei denen der Faden zwangsläufig etwa in der Läufermitte angreift und dorthin seine für die Vorwärtsbewegung des Läufers erforderlichen Zugkräfte überträgt. Abbildung 85 zeigt einen derartigen Läufer. Tatsächlich konnte durch diese Maßnahme erreicht werden, daß die Kippneigung weitgehend unterbunden ist. Der Läufer liegt in der gewünschten Weise an der Innenfläche des Ringes an. Durch den Fadenzug leicht angehoben, kommt außerdem das untere Läuferfüßchen mit dem unteren Ringflansch in Berührung, ohne daß hierdurch die vertikale Einstellung wesentlich beeinflußt wird.

Ein solcher Läufer ist allerdings verhältnismäßig labil und neigt zu gewissen Schwingbewegungen un den Fadenangriffspunkt.

Wie ein Schlitten bewegt sich dagegen der mit Abbildung 86 gezeigte Läufer vorwärts. Auch hier wurde der Fadenangriffspunkt etwa in die Läufermitte verlegt. Während bei einschlägigen Untersuchungen an einer Versuchsspindel der normale ohrförmige Läufer meist sehr geräuschvoll ar-

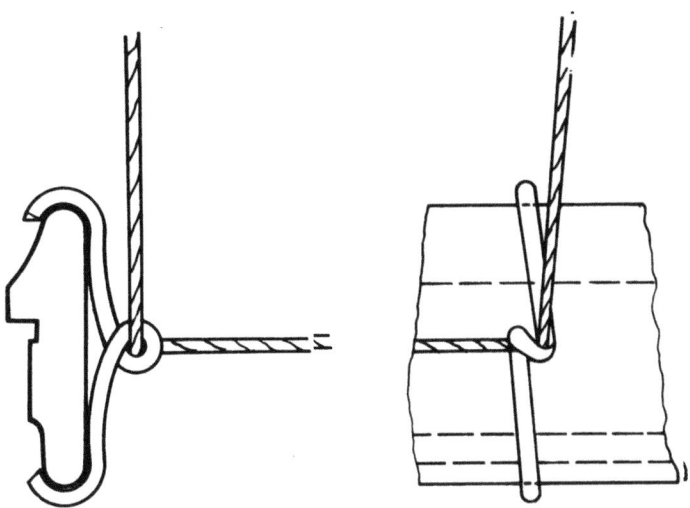

Abbildung 85
Läufer rund mit einfacher Fadenöse
Anlage nur am unteren Ringflansch

beitet und seine "Unruhe" durch rasselnde, ratternde und klingelnde Geräusche in Erscheinung treten, arbeitet ein solch schlittenförmiger Läufer praktisch geräuschlos. Auch lassen die Verschleißerscheinungen erkennen, daß die Einstellung in Ring in der gewünschten Weise erfolgt.

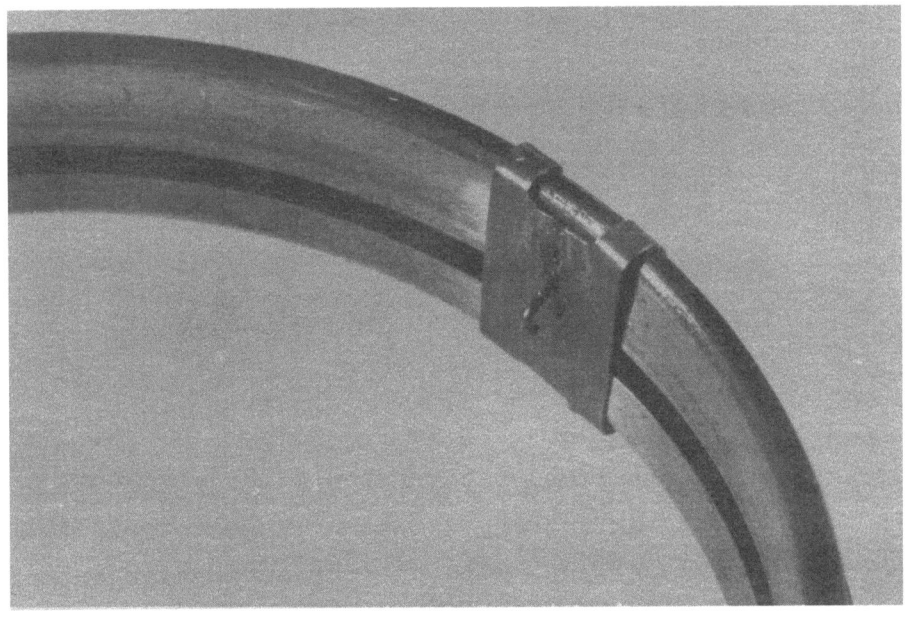

Abbildung 86
Läufer mit Fadenangriffspunkt in der Mitte

Versuchsweise wurden solche Läufer auch aus nichtmetallischen Stoffen (Kunstharzpreßstoffen) hergestellt. Diese haben den Vorteil eines geringeren Gewichtes. Obwohl die Reibungskoeffizienten hierbei im allgemeinen etwas höher liegen, lassen sich für Läufer aus Kunstharzpreßstoffen bei Erzielung gleicher Fadenzugkräfte im allgemeinen etwas größere Abmessungen finden. Das ist für den Aufbau der etwas komplizierten Läuferform von Vorteil, und gestattet deren Anwendung nicht nur bei extra hohen Fadenspannungen.

Für die Läufer Abbildung 87 wurde ein Ring mit einer besonderen Führungsbahn verwendet, in die sich der entsprechend ausgebildete Läufer einlegt. Während der links dargestellte Läufer ganz aus einem Bronceblech gefertigt war, ist der rechts abgebildete Läufer mit kleinen Stahlbügeln versehen. Diese haben die Aufgabe, bei stillstehender Spindel den Läufer im Ring zu halten und beim Anlaufen eine "Starthilfe" zu gewähren.

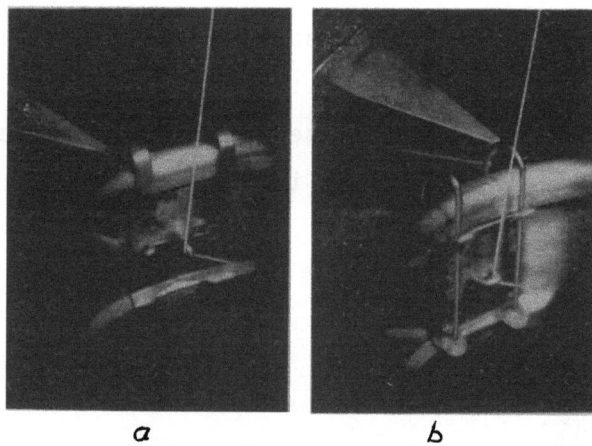

a   b

A b b i l d u n g   87

Spezialläufer mit Führungsfläche

a) ganz aus Bronceblech hergestellt

b) mit Stahlbügeln versehen

Für die Ausbildung des Fadenballons bei gegebenem Läufergewicht ist zweifellos die Fadenreibung am Läufer von ausschlaggebender Bedeutung. Aus Versuchsreihen, die zur Klärung sich hierfür ergebender Zusammenhänge zur Durchführung kamen, stammen die stroboskopischen Aufnahmen Abbildung 88. Hier wird wiederum ein solcher Spezialläufer mit Mittelangriff für den Faden gezeigt. Der zur Verwendung kommende Spezialring hat in diesem Falle eine Wulst, auf die sich der Läufer entsprechend aufsetzt, und von der er mittels der Führungsflächen geführt wird.

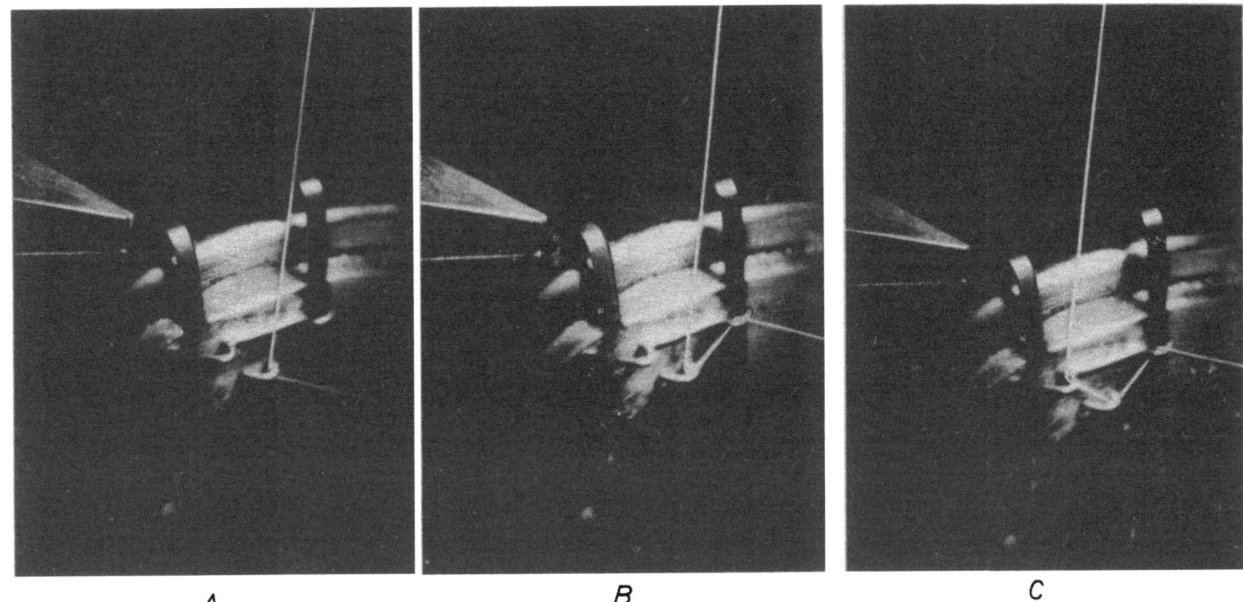

A   B   C

Abbildung 88
Spezialläufer mit Fadenführung
a) durch eine Öse
b) durch zwei Ösen
c) durch drei Ösen

Bei der Abbildung links ist der Faden einfach durch die an der Mitte des Läufers angeordnete Führungsöse geführt. Die Fadenreibung im Läufer bzw. in der Führungsöse ist dadurch kleinstmöglich gehalten.

Eine einfache Umschlingung (Abbildungsmitte) vergrößert die Fadenreibung, während die Fadenführung nach der rechten Abbildung noch größere Fadenreibungskräfte vermittelt. Eine entsprechend unterschiedliche Ballonausbildung war die Folge, d.h. bei der einfachen Fadenführung nach der linken Abbildung ergab sich der straffste, bei der mehrfachen Fadenumschlingung nach dem rechten Bild ein verhältnismäßig stark ausgeweiteter Fadenballon.

Wenn die Richtigkeit angestellter theoretischer Überlegungen durch solche praktische Versuche auch unter Beweis gestellt werden konnten, so war es doch nicht möglich, daraus praktische Nutzanwendungen zu ziehen. Dies ist in erster Linie darauf zurückzuführen, daß die nach innen gerichtete Fadenführungsöse es unmöglich macht, den Ringdurchmesser richtig auszunützen bzw. die Größe der erzeugten Spulen in Cops- oder Zylinderform auf einen gewünschten, der Ringgröße entsprechenden Durchmesser zu bringen.

Aber es ist ausserordentlich schwierig, den Faden in solche geschlossene oder auch offen ausgeführte Öse hinzubringen. Dies gilt vor allem, wenn während des Laufes der Maschine Fadenbruch auftritt, und die entsprechenden Spinn- oder Zwirnstellen neu angesetzt werden müssen.

Allenfalls könnte daran gedacht werden, solche Speziälläufer bei Zwirnmaschinen für endlose Fäsen einzusetzen, da kaum jemals mit einem Fadenbruch zu rechnen ist. Hierbei könnte auch noch die Überlegung geltend gemacht werden, daß solche gleichmäßig gleitende Läufer keine hohen Fadenzugspitzen erzeugen und keine Schwingbewegungen während eines Läuferumlaufes ausführen. Gegebenenfalls bleibt es weiteren einschlägigen Untersuchungen vorbehalten, festzustellen, ob es möglich sein wird, für bestimmte Bedarfsfälle in der Praxis doch zu dafür geeigneten Läuferformen zu kommen, welche die Vorzüge solcher Versuchsläufer aufweisen und mit deren Handhabung auch im praktischen Betrieb zurechtzukommen ist.

14. Zusammenfassung

Durch die Forderung nach immer größeren Copsgewichten und den dadurch bedingten längeren Hülsen und größeren Copsdurchmessern ergeben sich für die eigentlichen Spinnwerkzeuge (Ringe und Ringläufer) erhöhte Beanspruchungen.

Mit geeigneten Beobachtungs-, Meß- und Prüfgeräten können in die sich im Spinn- und Aufwindefeld von Ringspinn- bzw. Ringzwirnmaschinen abspielenden Vorgänge Einblicke gewonnen und daraus entsprechende Erkenntnisse abgeleitet werden.

Die sich einstellenden und den Faden belastenden Spannungen sind vorwiegend durch die angewandte Spindeldrehzahl (Läuferumlaufzahl) und das Läufergewicht bestimmt. Hierbei ist vorausgesetzt, daß sich der Läufer in der gewünschten Weise am Ringflansch anlegt und immer gleiche Bremskräft erfährt.

Auf die Einstellung des Läufers im Ring nehmen verschiedene Faktoren Einfluß. Nachteilig wirkt sich vor allem ein exzentrischer Sitz der

Spindel gegenüber dem Ring aus. Den mit normalen Fadenspannungsmeßgeräten festzustellenden Fadenspannungen überlagern sich dann Fadenzugstöße, wobei Spitzenwerte auftreten, die ein Vielfaches der mittleren Fadenspannung bzw. der auftretenden Tiefstwerte ausmachen.

Mit neuartigen Fadenspannungsmeßgeräten, die praktisch trägheitslos arbeiten, war es erstmalig möglich, den tatsächlichen Fadenspannungsverlauf zu registrieren und aufzuzeigen, welche Vorgänge sich abspielen, während der Läufer ein einziges Mal die Ringbahn umkreist.

Interessante Aufschlüsse vermitteln Beobachtungen über Verschleißerscheinungen an Ringen und Ringläufern. Sie ergänzen die bei Fadenspannungsmessungen mit trägheitslos arbeitenden Meßeinrichtungen getroffenen Feststellungen und geben Aufschluß über die Einstellung des Läufers im Ring. Ergänzend hierzu waren umfangreichere Untersuchungen mit stroboskopischen Geräten durchzuführen und mittels hierfür geeigneter Kameras entsprechende Aufnahmen zu machen.

Wichtig scheint die Erkenntnis, daß es zwischen Ring und Ringläufer praktisch keine "trockene Reibung" gibt, daß vielmehr - um befriedigende Laufverhältnisse zu erzielen - immer ein "Schmierfilm" vorhanden sein muß. Bei Ringen ohne zusätzliche Öl- oder Fettschmierung übernimmt der Faden selbst die "Schmierung" der Gleitflächen, indem er Schmiermittel in Form von Baumwollwachs, Wollfett, öligen Avivagen bzw. Schmälzen über den Läufer der Ringbahn zuführt.

Abschließend wird gezeigt, wie durch Verlegen des Fadenangriffspunktes mit einem besonders geformten Läufer günstige Laufeigenschaften zu erzielen sind. Der Einführung solcher Spezial-Läufer in der Praxis stehen jedoch zunächst gewisse Schwierigkeiten entgegen.

Herbert STEIN
Institut für textile Meßtechnik
M.Gladbach e.V.

FORSCHUNGSBERICHTE
DES WIRTSCHAFTS- UND VERKEHRSMINISTERIUMS
NORDRHEIN-WESTFALEN

Herausgegeben von Staatssekretär Prof. Dr. h. c. Leo Brandt

HEFT 1
Prof. Dr.-Ing. E. Flegler, Aachen
Untersuchungen oxydischer Ferromagnet-Werkstoffe
1952, 20 Seiten, DM 6,75

HEFT 2
Prof. Dr. W. Fuchs, Aachen
Untersuchungen über absatzfreie Teeröle
1952, 32 Seiten, 5 Abb., 6 Tabellen, DM 10,—

HEFT 3
Techn.-Wissenschaftl. Büro für die Bastfaserindustrie, Bielefeld
Untersuchungsarbeiten zur Verbesserung des Leinenwebstuhls
1952, 44 Seiten, 7 Abb., 3 Tabellen. DM 12,50

HEFT 4
Prof. Dr. E. A. Müller und Dipl.-Ing. H. Spitzer, Dortmund
Untersuchungen über die Hitzebelastung in Hüttenbetrieben
1952, 28 Seiten, 5 Abb., 1 Tabelle, DM 9,—

HEFT 5
Dipl.-Ing. W. Fister, Aachen
Prüfstand der Turbinenuntersuchungen
1952, 40 Seiten, 30 Abb., 3 Schaltbilder, DM 1,—

HEFT 6
Prof. Dr. W. Fuchs, Aachen
Untersuchungen über die Zusammensetzung und Verwendbarkeit von Schwelteerfraktionen
1952, 36 Seiten, 4 Abb., DM 10,50

HEFT 7
Prof. Dr. W. Fuchs, Aachen
Untersuchungen über emsländisches Petrolatum
1952, 36 Seiten, 1 Abb., 17 Tabellen, DM 10,50

HEFT 8
M. E. Meffert und H. Stratmann, Essen
Algen-Großkulturen im Sommer 1951
1953, 52 Seiten, 4 Abb., 20 Tabellen, DM 9,75

HEFT 9
Techn.-Wissenschaftl. Büro für die Bastfaserindustrie, Bielefeld
Untersuchungen über die zweckmäßige Wicklungsart von Leinengarnkreuzspulen unter Berücksichtigung der Anwendung hoher Geschwindigkeiten des Garnes
Vorversuche für Zetteln und Schären von Leinengarnen auf Hochleistungsmaschinen
1952, 48 Seiten, 7 Abb., 7 Tabellen, DM 9,25

HEFT 10
Prof. Dr. W. Vogel, Köln
„Das Streifenpaar" als neues System zur mechanischen Vergrößerung kleiner Verschiebungen und seine technischen Anwendungsmöglichkeiten
1953, 20 Seiten, 6 Abb., DM 4,50

HEFT 11
Laboratorium für Werkzeugmaschinen und Betriebslehre, Technische Hochschule Aachen
1. Untersuchungen über Metallbearbeitung im Fräsvorgang mit Hartmetallwerkzeugen und negativem Spanwinkel
2. Weiterentwicklung des Schleifverfahrens für die Herstellung von Präzisionswerkstücken unter Vermeidung hoher Temperatur
3. Untersuchung von Oberflächenveredlungsverfahren zur Steigerung der Belastbarkeit hochbeanspruchter Bauteile
1953, 80 Seiten, 61 Abb., DM 15,75

HEFT 12
Elektrowärme-Institut, Langenberg (Rhld.)
Induktive Erwärmung mit Netzfrequenz
1952, 22 Seiten, 6 Abb., DM 5,20

HEFT 13
Techn.-Wissenschaftl. Büro für die Bastfaserindustrie, Bielefeld
Das Naßspinnen von Bastfasergarnen mit chemischen Zusätzen zum Spinnbad
1953, 52 Seiten, 4 Abb., 19 Tabellen, DM 10,—

HEFT 14
Forschungsstelle für Acetylen, Dortmund
Untersuchungen über Aceton als Lösungsmittel für Acetylen
1952, 64 Seiten, 10 Abb., 26 Tabellen, DM 12,25

HEFT 15
Wäschereiforschung Krefeld
Trocknen von Wäschestoffen
1953, 48 Seiten, 14 Abb., 2 Tabellen, DM 9,—

HEFT 16
Max-Planck-Institut für Kohlenforschung, Mülheim a. d. Ruhr
Arbeiten des MPI für Kohlenforschung
1953, 104 Seiten, 9 Abb., DM 17,80

HEFT 17
Ingenieurbüro Herbert Stein, M.-Gladbach
Untersuchung der Verzugsvorgänge in den Streckwerken verschiedener Spinnereimaschinen. 1. Bericht: Vergleichende Prüfung mit verschiedenen Dickenmeßgeräten
1952, 36 Seiten, 15 Abb., DM 8,—

HEFT 18
Wäschereiforschung Krefeld
Grundlagen zur Erfassung der chemischen Schädigung beim Waschen
1953, 68 Seiten, 15 Abb., 15 Tabellen, DM 12,75

HEFT 19
Techn.-Wissenschaftl. Büro für die Bastfaserindustrie, Bielefeld
Die Auswirkung des Schlichtens von Leinengarnketten auf den Verarbeitungswirkungsgrad, sowie die Festigkeit und Dehnungsverhältnisse der Garne und Gewebe
1953, 48 Seiten, 1 Abb., 9 Tabellen, DM 9,—

HEFT 20
Techn.-Wissenschaftl. Büro für die Bastfaserindustrie, Bielefeld
Trocknung von Leinengarnen I
Vorgang und Einwirkung auf die Garnqualität
1953, 62 Seiten, 18 Abb., 5 Tabellen, DM 12,—

HEFT 21
Techn.-Wissenschaftl. Büro für die Bastfaserindustrie, Bielefeld
Trocknung von Leinengarnen II
Spulenanordnung und Luftführung beim Trocknen von Kreuzspulen
1953, 66 Seiten, 22 Abb., 9 Tabellen, DM 13,—

HEFT 22
Techn.-Wissenschaftl. Büro für die Bastfaserindustrie, Bielefeld
Die Reparaturanfälligkeit von Webstühlen
1953, 28 Seiten, 7 Abb., 5 Tabellen, DM 5,80

HEFT 23
Institut für Starkstromtechnik, Aachen
Rechnerische und experimentelle Untersuchungen zur Kenntnis der Metadyne als Umformer von konstanter Spannung auf konstanten Strom
1953, 52 Seiten, 20 Abb., 4 Tafeln, DM 9,75

HEFT 24
Institut für Starkstromtechnik, Aachen
Vergleich verschiedener Generator-Metadyne-Schaltungen in bezug auf statisches Verhalten
1952, 44 Seiten, 23 Abb., DM 8,50

HEFT 25
Gesellschaft für Kohlentechnik mbH., Dortmund-Eving
Struktur der Steinkohlen und Steinkohlen-Kokse
1953, 58 Seiten, DM 11,—

HEFT 26
Techn.-Wissenschaftl. Büro für die Bastfaserindustrie, Bielefeld
Vergleichende Untersuchungen zweier neuzeitlicher Ungleichmäßigkeitsprüfer für Bänder und Garne hinsichtlich ihrer Eignung für die Bastfaserspinnerei
1953, 64 Seiten, 30 Abb., DM 12,50

HEFT 27
Prof. Dr. E. Schratz, Münster
Untersuchungen zur Rentabilität des Arzneipflanzenanbaues Römische Kamille, Anthemis nobilis L.
1953, 16 Seiten, 1 Tabelle, DM 3,60

HEFT 28
Prof. Dr. E. Schratz, Münster
Calendula officinalis L. Studien zur Ernährung, Blütenfüllung und Rentabilität der Drogengewinnung
1953, 24 Seiten, 2 Abb., 3 Tabellen, DM 5,20

HEFT 29
Techn.-Wissenschaftl. Büro für die Bastfaserindustrie, Bielefeld
Die Ausnützung der Leinengarne in Geweben
1953, 100 Seiten, 14 Abb., 10 Tabellen, DM 17,80

HEFT 30
Gesellschaft für Kohlentechnik mbH., Dortmund-Eving
Kombinierte Entaschung und Verschwelung von Steinkohle; Aufarbeitung von Steinkohlenschlämmen zu verkokbarer oder verschwelbarer Kohle
1953, 56 Seiten, 16 Abb., 10 Tabellen, DM 10,50

HEFT 31
Dipl.-Ing. A. Stormanns, Essen
Messung des Leistungsbedarfs von Doppelsteg-Kettenförderern
1954, 54 Seiten, 18 Abb., 3 Anlagen, DM 11,—

HEFT 32
Techn.-Wissenschaftl. Büro für die Bastfaserindustrie, Bielefeld
Der Einfluß der Natriumchloridbleiche auf Qualität und Verwebbarkeit von Leinengarnen und die Eigenschaften der Leinengewebe unter besonderer Berücksichtigung des Einsatzes von Schützen- und Spulenwechselautomaten in der Leinenweberei
1953, 64 Seiten, 2 Abb., 12 Tabellen, DM 11,50

HEFT 33
Kohlenstoffbiologische Forschungsstation e. V.
Eine Methode zur Bestimmung von Schwefeldioxyd und Schwefelwasserstoff in Rauchgasen und in der Atmosphäre
1953, 32 Seiten, 8 Abb., 3 Tabellen, DM 6,50

HEFT 34
Textilforschungsanstalt Krefeld
Quellungs- und Entquellungsvorgänge bei Faserstoffen
1953, 52 Seiten, 13 Abb., 13 Tabellen, DM 9,80

WESTDEUTSCHER VERLAG · KÖLN UND OPLADEN

HEFT 35
Professor Dr. W. Kast, Krefeld
Feinstrukturuntersuchungen an künstlichen Zellulosefasern verschiedener Herstellungsverfahren. Teil I: Der Orientierungszustand
1953, 74 Seiten, 30 Abb., 7 Tabellen, DM 13,80

HEFT 36
Forschungsinstitut der feuerfesten Industrie, Bonn
Untersuchungen über die Trocknung von Rohton
Untersuchungen über die chemische Reinigung von Silika- und Schamotte-Rohstoffen mit chlorhaltigen Gasen
1953, 60 Seiten, 5 Abb., 5 Tabellen, DM 11,—

HEFT 37
Forschungsinstitut der feuerfesten Industrie, Bonn
Untersuchungen über den Einfluß der Probenvorbereitung auf die Kaltdruckfestigkeit feuerfester Steine
1953, 40 Seiten, 2 Abb., 5 Tabellen, DM 7,80

HEFT 38
Forschungsstelle für Acetylen, Dortmund
Untersuchungen über die Trocknung von Acetylen zur Herstellung von Dissousgas
1953, 36 Seiten, 11 Abb., 3 Tabellen, DM 6,80

HEFT 39
Forschungsgesellschaft Blechverarbeitung e. V., Düsseldorf
Untersuchungen an prägegemusterten und vorgelochten Blechen
1953, 46 Seiten, 34 Abb., DM 9,50

HEFT 40
Landesgeologe Dr.-Ing. W. Wolff, Amt für Bodenforschung, Krefeld
Untersuchungen über die Anwendbarkeit geophysikalischer Verfahren zur Untersuchung von Spateisengängen im Siegerland
1953, 46 Seiten, 8 Abb., DM 8,80

HEFT 41
Techn.-Wissenschaftl. Büro für die Bastfaserindustrie, Bielefeld
Untersuchungsarbeiten zur Verbesserung des Leinenwebstuhles II
1953, 40 Seiten, 4 Abb., 5 Tabellen, DM 7,80

HEFT 42
Professor Dr. B. Helferich, Bonn
Untersuchungen über Wirkstoffe — Fermente — in der Kartoffel und die Möglichkeit ihrer Verwendung
1953, 58 Seiten, 9 Abb., DM 11,—

HEFT 43
Forschungsgesellschaft Blechverarbeitung e. V., Düsseldorf
Forschungsergebnisse über das Beizen von Blechen
1953, 48 Seiten, 38 Abb., 2 Tabellen, DM 11,30

HEFT 44
Arbeitsgemeinschaft für praktische Dehnungsmessung, Düsseldorf
Eigenschaften und Anwendungen von Dehnungsmeßstreifen
1953, 68 Seiten, 43 Abb., 2 Tabellen, DM 13,70

HEFT 45
Losenhausenwerk Düsseldorfer Maschinenbau AG., Düsseldorf
Untersuchungen von störenden Einflüssen auf die Lastgrenzenanzeige von Dauerschwingprüfmaschinen
1953, 36 Seiten, 11 Abb., 3 Tabellen, DM 7,25

HEFT 46
Prof. Dr. W. Fuchs, Aachen
Untersuchungen über die Aufbereitung von Wasser für die Dampferzeugung in Benson-Kesseln
1953, 58 Seiten, 18 Abb., 9 Tabellen, DM 11,20

HEFT 47
Prof. Dr.-Ing. K. Krekeler, Aachen
Versuche über die Anwendung der induktiven Erwärmung zum Sintern von hochschmelzenden Metallen sowie zur Anlegierung und Vergütung von aufgespritzten Metallschichten mit dem Grundwerkstoff
1954, 66 Seiten, 39 Abb., DM 13,90

HEFT 48
Max-Planck-Institut für Eisenforschung, Düsseldorf
Spektrochemische Analyse der Gefügebestandteile in Stählen nach ihrer Isolierung
1953, 38 Seiten, 8 Abb., 5 Tabellen, DM 7,80

HEFT 49
Max-Planck-Institut für Eisenforschung, Düsseldorf
Untersuchungen über Ablauf der Desoxydation und die Bildung von Einschlüssen in Stählen
1953, 52 Seiten, 19 Abb., 3 Tabellen, DM 12,40

HEFT 50
Max-Planck-Institut für Eisenforschung, Düsseldorf
Flammenspektralanalytische Untersuchung der Ferritzusammensetzung in Stählen
1953, 44 Seiten, 15 Abb., 4 Tabellen, DM 8,60

HEFT 51
Verein zur Förderung von Forschungs- und Entwicklungsarbeiten in der Werkzeugindustrie e. V., Remscheid
Untersuchungen an Kreissägeblättern für Holz, Fehler- und Spannungsprüfverfahren
1953, 50 Seiten, 23 Abb., DM 10,—

HEFT 52
Forschungsstelle für Acetylen, Dortmund
Untersuchungen über den Umsatz bei der explosiblen Zersetzung von Azetylen
a) Zersetzung von gasförmigem Azetylen
b) Zersetzung von an Silikagel absorbiertem Azetylen
1954, 48 Seiten, 8 Abb., 10 Tabellen, DM 9,25

HEFT 53
Professor Dr.-Ing. H. Opitz, Aachen
Reibwert und Verschleißmessungen an Kunststoffgleitführungen für Werkzeugmaschinen
1954, 38 Seiten, 18 Abb., DM 8,20

HEFT 54
Professor Dr.-Ing. F. A. F. Schmidt, Aachen
Schaffung von Grundlagen für die Erhöhung der spez. Leistung und Herabsetzung des spez. Brennstoffverbrauches bei Ottomotoren mit Teilbericht über Arbeiten an einem neuen Einspritzverfahren
1954, 34 Seiten, 15 Abb., DM 7,40

HEFT 55
Forschungsgesellschaft Blechverarbeitung e. V., Düsseldorf
Chemisches Glänzen von Messing und Neusilber
1954, 50 Seiten, 21 Abb., 1 Tabelle, DM 10,20

HEFT 56
Forschungsgesellschaft Blechverarbeitung e. V., Düsseldorf
Untersuchungen über einige Probleme der Behandlung von Blechoberflächen
1954, 52 Seiten, 42 Abb., DM 11,20

HEFT 57
Prof. Dr.-Ing. F. A. F. Schmidt, Aachen
Untersuchungen zur Erforschung des Einflusses des chemischen Aufbaues des Kraftstoffes auf sein Verhalten im Motor und in Brennkammern von Gasturbinen
1954, 70 Seiten, 32 Abb., DM 14,60

HEFT 58
Gesellschaft für Kohlentechnik mbH., Dortmund
Herstellung und Untersuchung von Steinkohlenschwelteer
1954, 74 Seiten, 9 Abb., 9 Tabellen, DM 13,75

HEFT 59
Forschungsinstitut der Feuerfest-Industrie e. V., Bonn
Ein Schnellanalysenverfahren zur Bestimmung von Aluminiumoxyd, Eisenoxyd und Titanoxyd in feuerfestem Material mittels organischer Farbreagenzien auf photometrischem Wege
Untersuchungen des Alkali-Gehaltes feuerfester Stoffe mit dem Flammenphotometer nach Riehm-Lange
1954, 62 Seiten, 12 Abb., 3 Tabellen, DM 11,60

HEFT 60
Forschungsgesellschaft Blechverarbeitung e. V., Düsseldorf
Untersuchungen über das Spritzlackieren im elektrostatischen Hochspannungsfeld
1954, 82 Seiten, 53 Abb., 7 Tabellen, DM 17,—

HEFT 61
Verein zur Förderung von Forschungs- und Entwicklungsarbeiten in der Werkzeugindustrie e. V., Remscheid
Schwingungs- und Arbeitsverhalten von Kreissägeblättern für Holz
1954, 54 Seiten, 31 Abb., DM 11,40

HEFT 62
Professor Dr. W. Franz, Institut für theoretische Physik der Universität Münster
Berechnung des elektrischen Durchschlags durch feste und flüssige Isolatoren
1954, 36 Seiten, DM 7,—

HEFT 63
Textilforschungsanstalt Krefeld
Neue Methoden zur Untersuchung der Wirkungsweise von Textilhilfsmitteln
Untersuchungen über Schlichtungs- und Entschlichtungsvorgänge
1954, 34 Seiten, 1 Abb., 5 Tabellen, DM 6,80

HEFT 64
Textilforschungsanstalt Krefeld
Die Kettenlängenverteilung von hochpolymeren Faserstoffen
Über die fraktionierte Fällung von Polyamiden
1954, 44 Seiten, 13 Abb., DM 8,60

HEFT 65
Fachverband Schneidwarenindustrie, Solingen
Untersuchungen über das elektrolytische Polieren von Tafelmesserklingen aus rostfreiem Stahl
1954, 90 Seiten, 38 Abb., 9 Tabellen, DM 17,35

HEFT 66
Dr.-Ing. P. Füsgen VDI †, Düsseldorf
Untersuchungen über das Auftreten des Ratterns bei selbsthemmenden Schneckengetrieben und seine Verhütung
1954, 32 Seiten, 5 Abb., DM 6,60

HEFT 67
Heinrich Wösthoff o. H. G., Apparatebau, Bochum
Entwicklung einer chemisch-physikalischen Apparatur zur Bestimmung kleinster Kohlenoxyd-Konzentrationen
1954, 94 Seiten, 48 Abb., 2 Tabellen, DM 18,25

HEFT 68
Kohlenstoffbiologische Forschungsstation e. V., Essen
Algengroßkulturen im Sommer 1952
II. Über die unsterile Großkultur von Scenedesmus obliquus
1954, 62 Seiten, 3 Abb., 29 Tabellen, DM 11,40

HEFT 69
Wäschereiforschung Krefeld
Bestimmung des Faserabbaues bei Leinen unter besonderer Berücksichtigung der Leinengarnbleiche
1954, 48 Seiten, 15 Abb., 3 Tabellen, DM 9,60

HEFT 70
Wäschereiforschung Krefeld
Trocknen von Wäschestoffen
1954, 52 Seiten, 18 Abb., 3 Tabellen, DM 10,—

HEFT 71
Prof. Dr.-Ing. K. Leist, Aachen
Kleingasturbinen, insbesondere zum Fahrzeugantrieb
1954, 114 Seiten, 85 Abb., DM 22,—

HEFT 72
Prof. Dr.-Ing. K. Leist, Aachen
Beitrag zur Untersuchung von stehenden geraden Turbinengittern mit Hilfe von Druckverteilungsmessungen
1954, 152 Seiten, 111 Abb., DM 36,20

HEFT 73
Prof. Dr.-Ing. K. Leist, Aachen
Spannungsoptische Untersuchungen von Turbinenschaufelfüßen
1954, 66 Seiten, 46 Abb., 2 Tabellen, DM 14,60

HEFT 74
Max-Planck-Institut für Eisenforschung, Düsseldorf
Versuche zur Klärung des Umwandlungsverhaltens eines sonderkarbidbildenden Chromstahls
1954, 58 Seiten, 10 Abb., DM 14,—

HEFT 75
Max-Planck-Institut für Eisenforschung, Düsseldorf
Zeit-Temperatur-Umwandlungs-Schaubilder als Grundlage der Wärmebehandlung der Stähle
1954, 44 Seiten, 13 Abb., DM 8,70

HEFT 76
Max-Planck-Institut für Arbeitsphysiologie, Dortmund
Arbeitstechnische und arbeitsphysiologische Rationalisierung von Mauersteinen
1954, 52 Seiten, 12 Abb., 3 Tabellen, DM 10,20

HEFT 77
Meteor Apparatebau Paul Schmeck GmbH., Siegen
Entwicklung von Leuchtstoffröhren hoher Leistung
1954, 46 Seiten, 12 Abb., 2 Tabellen, DM 9,15

HEFT 78
Forschungsstelle für Acetylen, Dortmund
Über die Zustandsgleichung des gasförmigen Acetylens und das Gleichgewicht Acetylen — Aceton
1954, 42 Seiten, 3 Abb., 8 Tabellen, DM 8,—

HEFT 79
Techn.-Wissenschaftl. Büro für die Bastfaserindustrie, Bielefeld
Trocknung von Leinengarnen III
Spinnspulen- und Spinnkopstrocknung
Vorgang und Einwirkung auf die Garnqualität
1954, 74 Seiten, 18 Abb., 10 Tabellen, DM 14,—

WESTDEUTSCHER VERLAG · KÖLN UND OPLADEN

HEFT 80
Techn.-Wissenschaftl. Büro für die Bastfaserindustrie, Bielefeld
Die Verarbeitung von Leinengarn auf Webstühlen mit und ohne Oberbau
1954, 30 Seiten, 2 Abb., 2 Tabellen, DM 6,—

HEFT 81
Prüf- und Forschungsinstitut für Ziegeleierzeugnisse, Essen-Kray
Die Einführung des großformatigen Einheits-Gitterziegels im Lande Nordrhein-Westfalen
1954, 54 Seiten, 2 Abb., 2 Tabellen, DM 10,—

HEFT 82
Vereinigte Aluminium-Werke AG., Bonn
Forschungsarbeiten auf dem Gebiet der Veredelung von Aluminium-Oberflächen
1954, 46 Seiten, 34 Abb., DM 9,60

HEFT 83
Prof. Dr. S. Strugger, Münster
Über die Struktur der Proplastiden
1954, 30 Seiten, 15 Abb., DM 8,40

HEFT 84
Dr. H. Baron, Düsseldorf
Über Standardisierung von Wundtextilien
1954, 32 Seiten, DM 6,40

HEFT 85
Textilforschungsanstalt Krefeld
Physikalische Untersuchungen an Fasern, Fäden, Garnen und Geweben:
Untersuchungen am Knickscheuergerät nach Weltzien
1954, 40 Seiten, 11 Abb., 8 Tabellen, DM 10,—

HEFT 86
Prof. Dr.-Ing. H. Opitz, Aachen
Untersuchungen über das Fräsen von Baustahl sowie über den Einfluß des Gefüges auf die Zerspanbarkeit
1954, 108 Seiten, 73 Abb., 7 Tabellen, DM 22,—

HEFT 87
Gemeinschaftsausschuß Verzinken, Düsseldorf
Untersuchungen über Güte von Verzinkungen
1954, 68 Seiten, 56 Abb., 3 Tabellen, DM 15,30

HEFT 88
Gesellschaft für Kohlentechnik mbH., Dortmund-Eving
Oxydation von Steinkohle mit Salpetersäure
1954, 62 Seiten, 2 Abb., 1 Tabelle, DM 11,50

HEFT 89
Verein Deutscher Ingenieure, Gleitlagerforschung, Düsseldorf und Prof. Dr.-Ing. G. Vogelpohl, Göttingen
Versuche mit Preßstoff-Lagern für Walzwerke
1954, 70 Seiten, 34 Abb., DM 14,10

HEFT 90
Forschungs-Institut der Feuerfest-Industrie, Bonn
Das Verhalten von Silikasteinen im Siemens-Martin-Ofengewölbe
1954, 62 Seiten, 15 Abb., 11 Tabellen, DM 11,90

HEFT 91
Forschungs-Institut der Feuerfest-Industrie, Bonn
Untersuchungen des Zusammenhangs zwischen Leistung und Kohlenverbrauch von Kammeröfen zum Brennen von feuerfesten Materialien
1954, 42 Seiten, 6 Abb., DM 8,30

HEFT 92
Techn.-Wissenschaftl. Büro für die Bastfaserindustrie, Bielefeld und Laboratorium für textile Meßtechnik, M.-Gladbach
Messungen von Vorgängen am Webstuhl
1954, 76 Seiten, 45 Abb., DM 15,50

HEFT 93
Prof. Dr. W. Kast, Krefeld
Spinnversuche zur Strukturerfassung künstlicher Zellulosefasern
1954, 82 Seiten, 39 Abb., 6 Tabellen, DM 16,—

HEFT 94
Prof. Dr. G. Winter, Bonn
Die Heilpflanzen des MATTHIOLUS (1611) gegen Infektionen der Harnwege und Verunreinigung der Wunden bzw. zur Förderung der Wundheilung im Lichte der Antibiotikaforschung
1954, 58 Seiten, 1 Abb., 2 Tabellen, DM 11,50

HEFT 95
Prof. Dr. G. Winter, Bonn
Untersuchungen über die flüchtigen Antibiotika aus der Kapuziner- (Tropaeolum maius) und Gartenkresse (Lepidium sativum) und ihr Verhalten im menschlichen Körper bei Aufnahme von Kapuziner- bzw. Gartenkressensalat per os
1955, 74 Seiten, 9 Abb., 25 Tabellen, DM 14,—

HEFT 96
Dr.-Ing. P. Koch, Dortmund
Austritt von Exoelektronen aus Metalloberflächen unter Berücksichtigung der Verwendung des Effektes für die Materialprüfung
1954, 34 Seiten, 13 Abb., DM 7,—

HEFT 97
Ing. H. Stein, Laboratorium für textile Meßtechnik, M.-Gladbach
Untersuchung der Verzugsvorgänge an den Streckwerken verschiedener Spinnereimaschinen
2. Bericht: Ermittlung der Haft-Gleiteigenschaften von Faserbändern und Vorgarnen
1955, 98 Seiten, 54 Abb., DM 21,—

HEFT 98
Fachverband Gesenkschmieden, Hagen
Die Arbeitsgenauigkeit beim Gesenkschmieden unter Hämmern
1955, 132 Seiten, 55 Abb., 9 Tabellen, DM 24,75

HEFT 99
Prof. Dr.-Ing. G. Garbotz, Aachen
Der Kraft- und Arbeitsaufwand sowie die Leistungen beim Biegen von Bewehrungsstählen in Abhängigkeit von den Abmessungen, den Formen und der Güte der Stähle (Ermittlung von Leistungsrichtlinien)
1955, 136 Seiten, 53 Abb., 3 Anlagen, 18 Tabellen, DM 30,—

HEFT 100
Prof. Dr.-Ing. H. Opitz, Aachen
Untersuchungen von elektrischen Antrieben, Steuerungen und Regelungen an Werkzeugmaschinen
1955, 166 Seiten, 71 Abb., 3 Tabellen, DM 31,30

HEFT 101
Prof. Dr.-Ing. H. Opitz, Aachen
Wirtschaftlichkeitsbetrachtungen beim Außenrundschleifen
1955, 100 Seiten, 56 Abb., 3 Tabellen, DM 19,30

HEFT 102
Dr. P. Hölemann, Ing. R. Hasselmann und Ing. G. Dix, Dortmund
Untersuchungen über die thermische Zündung von explosiblen Acetylenzersetzungen in Kapillaren
1954, 44 Seiten, 5 Abb., 4 Tabellen, DM 8,60

HEFT 103
Prof. Dr. W. Weizel, Bonn
Durchführung von experimentellen Untersuchungen über den zeitlichen Ablauf von Funken in komprimierten Edelgasen sowie zu deren mathematischen Berechnung
1955, 46 Seiten, 12 Abb., DM 9,10

HEFT 104
Prof. Dr. W. Weizel, Bonn
Über den Einfluß der Elektroden auf die Eigenschaften von Cadmium-Sulfid-Widerstands-Photozellen
1955, 48 Seiten, 12 Abb., DM 9,45

HEFT 105
Dr.-Ing. R. Meldau, Harsewinkel/Westf.
Auswertung von Gekörn — Analysen des Musterstaubes „Flugasche Fortuna I"
1955, 42 Seiten, 14 Abb., DM 8,50

HEFT 106
ORR. Dr.-Ing. W. Küch, Dortmund
Untersuchungen über die Einwirkung von feuchtigkeitsgesättigter Luft auf die Festigkeit von Leimverbindungen
1954, 60 Seiten, 10 Abb., 6 Tabellen, DM 11,40

HEFT 107
Prof. Dr. H. Lange und Dipl.-Phys. P. St. Pütter, Köln
Über die Konstruktion von Laboratoriumsmagneten
1955, 66 Seiten, 19 Abb., 1 Tabelle, DM 12,30

HEFT 108
Prof. Dr. W. Fuchs, Aachen
Untersuchungen über neue Beizmethoden und Beizabwässer
I. Die Entzunderung von Drähten mit Natriumhydrid
II. Die Aufbereitung von Beizabwässern
1955, 82 S., 15 Abb., 14 Tabellen, 1 Falttafel, DM 15,25

HEFT 109
Dr. P. Hölemann und Ing. R. Hasselmann, Dortmund
Untersuchungen über die Löslichkeit von Azetylen in verschiedenen organischen Lösungsmitteln
1954, 42 Seiten, 10 Abb., 8 Tabellen, DM 8,30

HEFT 110
Dr. P. Hölemann und Ing. R. Hasselmann, Dortmund
Untersuchungen über den Druckverlauf bei der explosiblen Zersetzung von gasförmigem Azetylen
1955, 54 Seiten, 10 Abb., 5 Tabellen, DM 11,—

HEFT 111
Fachverband Steinzeugindustrie, Köln
Die Entwicklung eines Gerätes zur Beschickung seitlicher Feuer von Steinzeug-Einzelkammeröfen mit festen Brennstoffen
1955, 46 Seiten, 16 Abb., DM 9,40

HEFT 112
Prof. Dr.-Ing. H. Opitz, Aachen
Verschleißmessungen beim Drehen mit aktivierten Hartmetallwerkzeugen
1954, 44 Seiten, 17 Abb., 6 Tabellen, DM 8,80

HEFT 113
Prof. Dr. O. Graf, Dortmund
Erforschung der geistigen Ermüdung und nervösen Belastung: Studien über die vegetative 24-Stunden-Rhythmik in Ruhe und unter Belastung
1955, 40 Seiten, 12 Abb., DM 8,20

HEFT 114
Prof. Dr. O. Graf, Dortmund
Studien über Fließarbeitsprobleme an einer praxisnahen Experimentieranlage
1954, 34 Seiten, 6 Abb., DM 7,—

HEFT 115
Prof. Dr. O. Graf, Dortmund
Studium über Arbeitspausen in Betrieben bei freier und zeitgebundener Arbeit (Fließarbeit) und ihre Auswirkung auf die Leistungsfähigkeit
1955, 50 Seiten, 13 Abb., 2 Tabellen, DM 9,80

HEFT 116
Prof. Dr.-Ing. E. Siebel und Dr.-Ing. H. Weiss, Stuttgart
Untersuchungen an einigen Problemen des Tiefziehens — I. Teil
1955, 74 Seiten, 50 Abb., 5 Tabellen, DM 14,50

HEFT 117
Dr.-Ing. H. Beißwänger, Stuttgart, und Dr.-Ing. S. Schwandt, Trier
Untersuchungen an einigen Problemen des Tiefziehens — II. Teil
1955, 92 Seiten, 34 Abb., 8 Tabellen, DM 17,70

HEFT 118
Prof. Dr. E. A. Müller und Dr. H. G. Wenzel, Dortmund
Neuartige Klima-Anlage zur Erzeugung ungleicher Luft- und Strahlungstemperaturen in einem Versuchsraum
1955, 68 Seiten, 10 z. T. mehrfarb. Abb., DM 14,—

HEFT 119
Dr.-Ing. O. Viertel, Krefeld
Wäscherei- und energietechnische Untersuchung einer Gemeinschafts-Waschanlage
1955, 50 Seiten, 18 Abb., DM 10,20

HEFT 120
Dipl.-Ing. A. Weisbecker, Lüdenscheid
Über Anfressung an Reinaluminium-Schweißnähten bei der elektrolytischen Oxydation
Gebr. Hörstermann GmbH., Velbert
Entwicklung und Erprobung eines neuartigen Gummibandförderers
1955, 46 Seiten, 18 Abb., DM 9,70

HEFT 121
Dr. H. Krebs, Bonn
I. Die Struktur und die Eigenschaften der Halbmetalle
II. Die Bestimmung der Atomverteilung in amorphen Substanzen
III. Die chemische Bindung in anorganischen Festkörpern und das Entstehen metallischer Eigenschaften
1955, 124 Seiten, 36 Abb., 13 Tabellen, DM 22,90

HEFT 122
Prof. Dr. W. Fuchs, Aachen
Untersuchungen zur Verbesserung der Wasseraufbereitung und Wasseranalyse:
Über die Schnellbewertung von Ionenaustauscher
1955, 62 Seiten, 32 Abb., DM 12,30

HEFT 123
Dipl.-Ing. J. Emondts, Aachen
Über Bodenverformungen bei stark gestörtem und mächtigem, wasserführendem Deckgebirge im Aachener Steinkohlengebiet
1955, 196 Seiten, 37 Abb., 10 Tabellen, DM 28,80

HEFT 124
Prof. Dr. R. Seyffert, Köln
Wege und Kosten der Distribution der Hausratwaren im Lande Nordrhein-Westfalen
1955, 74 Seiten, 25 Tabellen, DM 9,—

WESTDEUTSCHER VERLAG · KÖLN UND OPLADEN

HEFT 125
Prof. Dr. E. Kappler, Münster
Eine neue Methode zur Bestimmung von Kondensations-Koeffizienten von Wasser
1955, 46 Seiten, 11 Abb., 1 Tabelle, DM 9,10

HEFT 126
Prof. Dr.-Ing. J. Mathieu, Aachen
Arbeitszeitvergleich
Grundlagen, Methodik und praktische Durchführung
1955, 70 Seiten, DM 13,—

HEFT 127
Güteschutz Betonstein e. V., Arbeitskreis Nordrhein-Westfalen, Dortmund
Die Betonwaren-Gütesicherung im Lande Nordrhein-Westfalen
1955, 58 Seiten, 15 Abb., 3 Tabellen, DM 11,50

HEFT 128
Prof. Dr. O. Schmitz-DuMont, Bonn
Untersuchungen über Reaktionen in flüssigem Ammoniak
1955, 96 Seiten, 11 Abb., 6 Tabellen, DM 17,75

HEFT 129
Prof. Dr.-Ing. J. Mathieu und Dr. C. A. Roos, Aachen
Die Anlernung von Industriearbeitern
I. Ergebnisse einer grundsätzlichen Untersuchung der gegenwärtigen Industriearbeiter-Kurzanlernung
1955, 106 Seiten, DM 19,70

HEFT 130
Prof. Dr.-Ing. J. Mathieu und Dr. C. A. Roos, Aachen
Die Anlernung von Industriearbeitern
II. Beiträge zur Methodenfrage der Kurzanlernung
1955, 108 Seiten, DM 19,90

HEFT 131
Dr. W. Hoerburger, Köln
Versuche zur Biosynthese von Eiweiß aus Kohlenwasserstoff
1955, 34 Seiten, 2 Abb., DM 6,90

HEFT 132
Prof. Dr. W. Seith, Münster
Über Diffusionserscheinungen in festen Metallen
1955, 42 Seiten, 19 Abb., 4 Tabellen, DM 9,10

HEFT 133
Prof. Dr. E. Jenckel, Aachen
Über einen für Schwermetalle selektiven Ionenaustauscher
1955, 48 Seiten, 8 Abb., 13 Tabellen, DM 9,50

HEFT 134
Prof. Dr.-Ing. H. Winterhager, Aachen
Über die elektrochemischen Grundlagen der Schmelzfluß-Elektrolyse von Bleisulfid in geschmolzenen Mischungen mit Bleichlorid
1955, 54 Seiten, 20 Abb., 5 Tabellen, DM 11,80

HEFT 135
Prof. Dr.-Ing. K. Krekeler und Dr.-Ing. H. Peukert, Aachen
Die Änderung der mechanischen Eigenschaften thermoplastischer Kunststoffe durch Warmrecken
1955, 54 Seiten, 27 Abb., DM 11,10

HEFT 136
Dipl.-Phys. P. Pilz, Remscheid
Über spezielle Probleme der Zerkleinerungstechnik von Weichstoffen
1955, 58 Seiten, 19 Abb., 2 Tabellen, DM 11,50

HEFT 137
Prof. Dr. W. Baumeister, Münster
Beiträge zur Mineralstoffernährung der Pflanzen
1955, 64 Seiten, 6 Tabellen, DM 11,80

HEFT 138
Dr. P. Hölemann und Ing. R. Hasselmann, Dortmund
Untersuchungen über die Zersetzungswärme von gasförmigem und in Azeton gelöstem Azetylen
1955, 54 Seiten, 8 Abb., 7 Tabellen, DM 10,40

HEFT 139
Prof. Dr. W. Fuchs, Aachen
Studien über die thermische Zersetzung der Kohle und die Kohlendestillatprodukte
1955, 64 Seiten, 20 Abb., 22 Tabellen, DM 11,80

HEFT 140
Dr.-Ing. G. Hausberg, Essen
Modellversuche an Zyklonen
1955, 78 Seiten, 24 Abb., DM 15,70

HEFT 141
Dr. J. van Calker und Dr. R. Wienecke, Münster
Untersuchungen über den Einfluß dritter Analysenpartner auf die spektrochemische Analyse
1955, 42 Seiten, 15 Abb., DM 9,10

HEFT 142
Dipl.-Ing. G. M. F. Wiebel, Hannover, A. Konermann und A. Ottenheym, Sennelager
Entwicklung eines Kalksandleichtsteines
1955, 38 Seiten, 4 Abb., DM 8,—

HEFT 143
Prof. Dr. F. Wever, Dr. A. Rose und Dipl.-Ing. W. Straßburg, Düsseldorf
Härtbarkeit und Umwandlungsverhalten der Stähle
1955, 50 Seiten, 12 Abb., 3 Tabellen, DM 10,70

HEFT 144
Prof. Dr. H. Wurmbach, Bonn
Steuerung von Wachstum und Formbildung
1955, 48 Seiten, 19 Abb., DM 10,30

HEFT 145
Dr. G. Hennemann, Werdohl (Westf.)
Beitrag zur Interpretation der modernen Atomphysik
1955, 34 Seiten, DM 10,—

HEFT 146
Dr.-Ing. F. Gruß, Düsseldorf
Sterilisation mit Heißluft
1955, 34 Seiten, 10 Abb., DM 7,70

HEFT 147
Dr.-Ing. W. Rudisch, Unna
Untersuchung einer drehelastischen Elektromagnet-Synchronkupplung
1955, 82 Seiten, 65 Abb., DM 17,70

HEFT 148
Prof. Dr. H. Bittel u. Dipl.-Phys. L. Storm, Münster
Untersuchungen über Widerstandsrauschen
1955, 40 Seiten, 5 Abb., DM 8,40

HEFT 149
Dipl.-Ing. K. Konopicky und Dipl.-Chem. P. Kampa, Bonn
I. Beitrag zur flammenphotometrischen Bestimmung des Calciums.
Dr.-Ing. K. Konopicky, Bonn
II. Die Wanderung von Schlackenbestandteilen in feuerfesten Baustoffen
1955, 54 Seiten, 10 Abb., 5 Tabellen, DM 11,—

HEFT 150
Prof. Dr.-Ing. O. Kienzle und Dipl.-Ing. W. Timmerbeil, Hannover
Das Durchziehen enger Kragen an ebenen Fein- und Mittelblechen
1955, 52 Seiten, 20 Abb., 8 Tabellen, DM 11,30

HEFT 151
Dipl.-Ing. P. Karabasch, Aachen
Feststellung des optimalen Gasgehaltes von Bronzen zur Erzielung druckdichter Gußstücke
1956, 64 Seiten, 31 Abb., 5 Tabellen, DM 13,90

HEFT 152
Dipl.-Ing. G. Müller, Köln
Ermittlung der Laufeigenschaften (Vergießbarkeit) von Bronze und Rotguß mittels der Schneider-Gießspirale
1955, 60 Seiten, 33 Abb., DM 13,30

HEFT 153
Prof. Dr. F. Wever, Dr.-Ing. W. A. Fischer und Dipl.-Ing. J. Engelbrecht, Düsseldorf
I. Die Reduktion sauerstoffhaltiger Eisenschmelzen im Hochvakuum mit Wasserstoff und Kohlenstoff
II. Einfluß geringer Sauerstoffgehalte auf das Gefüge und Alterungsverhalten von Reineisen
1955, 54 Seiten, 15 Abb., 2 Tabellen, DM 12,40

HEFT 154
Prof. Dr.-Ing. P. Bardenheuer und Dr.-Ing. W. A. Fischer, Düsseldorf
Die Verschlackung von Titan aus Stahlschmelzen im sauren und basischen Hochfrequenzofen unter verschiedenen Schlacken
1955, 36 Seiten, 10 Abb., 1 Tabelle, DM 7,95

HEFT 155
Dipl.-Phys. K. H. Schirmer, München
Die auf Grau abgestimmte Farbwiedergabe im Dreifarbenbuchdruck
1955, 46 Seiten, 17 Abb., 2 Farbtafeln, DM 10,—

HEFT 156
Prof. Dr.-Ing. B. von Borries und Mitarbeiter, Düsseldorf
Die Entwicklung regelbarer permanentmagnetischer Elektronenlinsen hoher Brechkraft und eines mit ihnen ausgerüsteten Elektronenmikroskopes neuer Bauart
1956, 102 Seiten, 52 Abb., DM 22,55

HEFT 157
Dr. W. Jawtusch, Dr. G. Schuster und Prof. Dr.-Ing. R. Jaeckel, Bonn
Untersuchungen über die Stoßvorgänge zwischen neutralen Atomen und Molekülen
1955, 48 Seiten, 15 Abb., 3 Tabellen, DM 10,50

HEFT 158
Dipl.-Ing. W. Rosenkranz, Meinerzhagen
Ein Beitrag zum Problem der Spannungskorrosion bei Preßprofilen und Preßteilen aus Aluminium-Legierungen
1956, 112 Seiten, 61 Abb., 5 Tabellen, DM 27,40

HEFT 159
Dr.-Ing. O. Viertel und O. Oldenroth, Krefeld
Das Bleichen von Weißwäsche mit Wasserstoffsuperoxyd bzw. Natriumhypochlorit beim maschinellen Waschen
1955, 54 Seiten, 23 Abb., 2 Tabellen, DM 11,45

HEFT 160
Prof. Dr. W. Klemm, Münster
Über neue Sauerstoff- und Fluor-haltige Komplexe
1955, 50 Seiten, 13 Abb., 7 Tabellen, DM 10,80

HEFT 161
Prof. Dr. W. Weltzien und Dr. G. Hauschild, Krefeld
Über Silikone und ihre Anwendung in der Textilveredlung
1955, 162 Seiten, 22 Abb., 10 Tabellen, DM 27,—

HEFT 162
Prof. Dr. F. Wever, Prof. Dr. A. Kochendörfer und Dr.-Ing. Chr. Rohrbach, Düsseldorf
Kennzeichnung der Sprödbruchneigung von Stählen durch Messung der Fließspannung, Reißspannung und Brucheinschnürung an dreiachsig beanspruchten Proben
1955, 58 Seiten, 26 Abb., DM 13,—

HEFT 163
Dipl.-Ing. W. Rohs und Text.-Ing. H. Griese, Bielefeld
Untersuchungsarbeiten zur Verbesserung des Leinenwebstuhls III
1955, 80 Seiten, 15 Abb., 18 Tabellen, DM 15,80

HEFT 164
Dr.-Ing. H. Schmachtenberg, Köln
Neuartige Prüfeinrichtungen für Kraftfahrzeuge
1955, 44 Seiten, 23 Abb., DM 9,60

HEFT 165
Dr.-Ing. W. Wilhelm, Aachen
Instationäre Gasströmung im Auspuffsystem eines Zweitaktmotors
1955, 62 Seiten, 31 Abb., 8 Tabellen, DM 13,60

HEFT 166
Prof. Dr. M. v. Stackelberg, Dr. H. Heindze, Dr. H. Hübschke und Dr. K. H. Frangen, Bonn
Kolloidchemische Untersuchungen
1955, 106 Seiten, 8 Abb., 13 Tabellen, DM 21,25

HEFT 167
Prof. Dr.-Ing. F. Schuster, Essen
I. Über die Heißkarburierung von Brenngasen mit Ölen und Teeren
II. Die Strahlungsvorgänge in brennstoffbeheizten Öfen bei verschiedenen Verbrennungsatmosphären
1955, 38 Seiten, 8 Abb., DM 8,30

HEFT 168
Prof. Dr.-Ing. F. Schuster, Essen
I. Luftvorwärmung an Gasfeuerungen
II. Heizwerthöhe von Brenngasen und Wirkungsgrad sowie Gasverbrauch bei der Gasverwendung
III. Sauerstoffangereicherte Luft und feuerungstechnische Kenngrößen von Brenngasen
1955, 60 Seiten, 18 Abb., DM 12,50

HEFT 169
Forschungsinstitut für Pigmente und Lacke, Stuttgart
Arbeiten über die Bestimmung des Gebrauchswertes von Lackfilmen durch physikalische Prüfungen
1955, 70 Seiten, 23 Abb., 4 Tabellen, DM 15,—

HEFT 170
Prof. Dr. F. Wever, Dr. A. Rose und Dipl.-Ing L. Rademacher, Düsseldorf
Anwendung der Umwandlungsschaubilder auf Fragen der Werkstoffauswahl beim Schweißen und Flammhärten
1955, 64 Seiten, 25 Abb., DM 13,70

WESTDEUTSCHER VERLAG · KÖLN UND OPLADEN

HEFT 171
Wäschereiforschung Krefeld
Untersuchung der Wäscheentwässerung mit Hilfe von Zentrifugen und Pressen
1955, 42 Seiten, 16 Abb., 4 Tabellen, DM 9,70

HEFT 172
Dipl.-Ing. W. Rohs, Dr.-Ing. G. Satlow und Text.-Ing. G. Heller, Bielefeld
Trocknung von Hanfgarnen. Kreuzspultrocknung
1955, 60 Seiten, 7 Abb., 4 Tabellen, DM 10,30

HEFT 173
Prof. Dr. R. Hosemann und Dipl.-Phys. G. Schoknecht, Berlin, vorgelegt von Prof. Dr. W. Kast, Krefeld
Lichtoptische Herstellung und Diskussion der Faltungsquadrate parakristalliner Gitter
1956, 108 Seiten, 63 Abb., 6 Tabellen, DM 24,70

HEFT 174
Prof. Dr. W. von Fragstein, Dr. J. Meingast und H. Hoch, Köln
Herstellung von Solen einheitlicher Teilchengröße und Ermittlung ihrer optischen Eigenschaften
1955, 78 Seiten, 80 Abb., 4 Tabellen, DM 18,25

HEFT 175
Dr.-Ing. H. Zeller, Aachen
Beitrag zur eindimensionalen stationären und nichtstationären Gasströmung mit Reibung und Wärmeleitung, insbesondere in Rohren mit unstetigen Querschnittsänderungen.
1956, 138 Seiten, 56 Abb., DM 29,30

HEFT 176
Dipl.-Ing. H. Schöberl, Duisburg
Über die Methoden zur Ermittlung der Verbrennungstemperatur von Brennstoffen und ein Vorschlag zu ihrer Verbesserung
1955, 30 Seiten, 3 Abb., DM 6,50

HEFT 177
Dipl.-Ing. H. Stüdemann, Solingen, und Dr.-Ing. W. Müchler, Essen
Entwicklung eines Verfahrens zur zahlenmäßigen Bestimmung der Schneideigenschaften von Messerklingen
1956, 104 Seiten, 68 Abb., 4 Tabellen, DM 22,20

HEFT 178
Prof. Dr. M. von Stackelberg u. Dr. W. Hans, Bonn
Untersuchungen zur Ausarbeitung und Verbesserung von polarographischen Analysenmethoden
1955, 46 Seiten, 14 Abb., DM 10,50

HEFT 179
Dipl.-Ing. H. F. Reineke, Bochum
Entwicklungsarbeiten auf dem Gebiete der Meß- und Regeltechnik
1955, 46 Seiten, 10 Abb., DM 10,—

HEFT 180
Dr.-Ing. W. Piepenburg, Dipl.-Ing. B. Bühling und Bauing. J. Behnke, Köln
Putzarbeiten im Hochbau und Versuche mit aktiviertem Mörtel und mechanischem Mörtelauftrag
1955, 116 Seiten, 31 Abb., 68 Tabellen, DM 23,—

HEFT 181
Prof. Dr. W. Franz, Münster
Theorie der elektrischen Leitvorgänge in Halbleitern und isolierenden Festkörpern bei hohen elektrischen Feldern
1955, 28 Seiten, 2 Abb., 1 Tabelle, DM 6,20

HEFT 182
Dr.-Ing. P. Schenk u. Dr. K. Osterloh, Düsseldorf
Katalytisch-thermische Spaltung von gasförmigen und flüssigen Kohlenwasserstoffen zur Spitzengaserzeugung
1955, 50 Seiten, 11 Abb., 11 Tabellen, DM 10,90

HEFT 183
Dr. W. Bornheim, Köln
Entwicklungsarbeiten an Flaschen- und Ampullen-Behandlungsmaschinen für die pharmazeutische Industrie
1956, 48 Seiten, 24 Abb., DM 11,70

HEFT 184
Dr.-Ing. E. Printz, Kettwig
Vollhydraulische Parallel-Kupplung für Ackerschlepper
1955, 32 Seiten, 4 Abb., DM 7,80

HEFT 185
Dipl.-Ing. W. Rohs und Text.-Ing. G. Heller, Bielefeld
Studien an einem neuzeitlichen Kreuzspultrockner für Bastfasergarne mit Wiederbefeuchtungszone
1955, 52 Seiten, 9 Abb., 3 Tabellen, DM 10,70

HEFT 186
Dr. E. Wedekind, Krefeld
Untersuchungen zur Arbeitsbestgestaltung bei der Fertigstellung von Oberhemden in gewerblichen Wäschereien
1955, 124 Seiten, 28 Abb., 6 Tabellen, 2 Falttaf., DM 12,—

HEFT 187
Dipl.-Ing. F. Göttgens, Essen
Über die Eigenarten der Bimetall-, Thermo- und Flammenionisationssicherungsmethode in ihrer Anwendung auf Zündsicherungen
1955, 40 Seiten, 6 Abb., 4 Tabellen, DM 8,40

HEFT 188
W. Kinnebrock, Langenberg (Rhld.)
Der Einfluß des Austausches gleicher Gaskochbrenner bzw. Gaskochbrennerteile auf den Wirkungsgrad und insbesondere auf den CO-Gehalt der Verbrennungsgase
1955, 42 Seiten, 7 Tabellen, DM 8,40

HEFT 189
Fa. E. Leybold's Nachfolger, Köln
I. Ausgewählte Kapitel aus der Vakuumtechnik
II. Zum Verlust anorganisch-nichtflüchtiger Substanzen während der Gefriertrocknung
1955, 52 Seiten, 16 Abb., 3 Tabellen, DM 11,20

HEFT 190
Prof. Dr. A. Neuhaus, Prof. Dr. O. Schmitz-DuMont und Dipl.-Chem. H. Reckhard, Bonn
Zur Kenntnis der Alkalititanate
1955, 60 Seiten, 13 Abb., 1 Tabelle, DM 12,20

HEFT 191
Dr. H. Söhngen, Darmstadt
Schwingungsverhalten eines Schaufelkranzes im Vakuum
1955, 36 Seiten, 7 Abb., DM 7,80

HEFT 192
Dipl.-Phys. E. M. Schneider, München
Kohlebogenlampen für Aufnahme und Kopie
1955, 48 Seiten, 21 Abb., 3 Tabellen, DM 10,60

HEFT 193
Prof. Dr. O. Schmitz-DuMont, Bonn
Untersuchungen über neue Pigmentfarbstoffe
1956, 50 Seiten, 16 Abb., 8 Tabellen, DM 11,20

HEFT 194
Dr. K. Hecht, Köln
Entwicklung neuartiger physikalischer Unterrichtsgeräte
1955, 42 Seiten, 16 Abb., DM 9,90

HEFT 195
Dr.-Ing. E. Rößger, Köln
Gedanken über einen neuen deutschen Luftverkehr
1955, 342 Seiten, 29 Abb., 122 Tabellen, DM 50,—

HEFT 196
Dipl.-Ing. W. Rohs und Text.-Ing. H. Griese, Bielefeld
Auswirkungen von Garnfehlern bei der Verarbeitung von Leinengarnen
1955, 36 Seiten, 3 Abb., 6 Tabellen, DM 7,80

HEFT 197
Dr. E. Wedekind, Krefeld
Untersuchungen zur Bestimmung der optimalen Arbeitsplatzgröße bei Mehrstuhlarbeit in der Weberei
1955, 92 Seiten, 34 Abb., DM 18,50

HEFT 198
Prof. Dr. J. Weissinger, Karlsruhe
Zur Aerodynamik des Ringflügels. Die Druckverteilung dünner, fast drehsymmetrischer Flügel in Unterschallströmung
1955, 42 Seiten, 5 Abb., DM 9,—

HEFT 199
Textilforschungsanstalt Krefeld
Die Messung von Gewebetemperaturen mittels Temperaturstrahlung
1955, 50 Seiten, 12 Abb., DM 10,90

HEFT 200
R. Seipenbusch, Langenberg (Rhld.)
Spitzengas durch Zusatz von Flüssiggas-Wassergas- und Flüssiggas-Generatorgas-Gemischen zu Stadtgas
1955, 48 Seiten, 21 Tabellen, DM 10,35

HEFT 201
Dr.-Ing. E. W. Pleines, Frankfurt/Main
Die Sicherheit im Luftverkehr
1956, 194 Seiten, 39 Abb., 19 Tabellen, DM 39,50

HEFT 202
Dipl.-Ing. D. Fiecke, Stuttgart/Zuffenhausen
Die Bestimmung der Flugzeugpolaren für Entwurfszwecke. I. Teil: Unterlagen
1956, 216 Seiten, 171 Diagr., DM 59,70

HEFT 203
Dr. G. Wandel, Bonn
Uferbewachsung und Lebendverbauung an den Nordwestdeutschen Kanälen und ihren Zuflüssen sowie an der Ruhr
1956, 122 Seiten, 88 Abb., DM 25,70

HEFT 204
Dipl.-Ing. B. Naendorf, Langenberg (Rhld.)
Bestimmung der Brenneigenschaften und des Brennverhaltens verschiedener Gasarten und Einfluß verschiedener Düsengestaltung
1955, 32 Seiten, DM 7,10

HEFT 205
Dr. C. Schaarwächter, Düsseldorf
Über plastische Kupfer-Eisen-Phosphor-Legierungen
1936, 36 Seiten, 10 Abb., 10 Tabellen, DM 8,30

HEFT 206
Dr. P. Hölemann, Ing. R. Hasselmann und Ing. G. Dix, Dortmund
Untersuchungen über die Vorgänge bei der Zersetzung von in Azeton gelöstem Azetylen
1956, 74 Seiten, 7 Abb., 7 Tabellen, DM 15,55

HEFT 207
Prof. Dr.-Ing. H. Opitz, Dipl.-Ing. K. H. Fröhlich und Dipl.-Ing. H. Siebel, Aachen
Richtwerte für das Fräsen von unlegierten und legierten Baustählen mit Hartmetall. I. Teil
1956, 48 Seiten, 27 Abb., 3 Tabellen, DM 11,10

HEFT 208
Prof. Dr.-Ing. H. Müller, Essen
Untersuchung von Elektrowärmegeräten für Laienbedienung hinsichtlich Sicherheit und Gebrauchsfähigkeit. I. Untersuchungen an Kochplatten
1956, 100 Seiten, 76 Abb., 7 Tabellen, DM 22,70

HEFT 209
Dr. K. Bunge, Leverkusen
Materialabbau in Funkenentladungen. Untersuchungen an Zinkkathoden
1956, 54 Seiten, 10 Abb., 5 Tabellen, DM 11,40

HEFT 210
Dr. W. Porschen und Prof. Dr. W. Riezler, Bonn
Langlebige Alphaaktivitäten bei natürlichen Elementen
1955, 40 Seiten, 5 Abb., 4 Tabellen, DM 8,80

HEFT 211
Prof. Dipl.-Ing. W. Sturtzel und Dr.-Ing. W. Graff, Duisburg
Die Versuchsanstalt für Binnenschiffbau, Duisburg
1956, 48 Seiten, 22 Abb., 11,—

HEFT 212
Dipl.-Ing. H. Spodig, Selm
Untersuchungen zur Anwendung der Dauermagnete in der Technik
1955, 44 Seiten, 25 Abb., DM 9,80

HEFT 213
Dipl.-Ing. K. F. Rittinghaus, Aachen
Zusammenstellung eines Meßwagens für Bau- und Raumakustik
in Vorbereitung

HEFT 214
Dr.-Ing. J. Endres, München
Berechnung der optimalen Leistungen, Kraftstoffverbräuche und Wirkungsgrade von Einkreis-Turbolader-Strahltriebwerken am Boden und in der Höhe bei Fluggeschwindigkeiten von 0–2000 km/h
1956, 72 Seiten, 18 Abb., 8 Tabellen, DM 15,40

HEFT 215
Prof. Dr.-Ing. H. Opitz und Dr.-Ing. G. Weber, Aachen
Einfluß der Wärmebehandlung von Baustählen auf Spanentstehung, Schnittkraft- und Standzeitverhalten
1956, 80 Seiten, 30 Abb., 10 Tabellen, DM 18,40

HEFT 216
Dr. E. Kloth, Köln
Untersuchungen über die Ausbreitung kurzer Schallimpulse bei der Materialprüfung mit Ultraschall
1956, 90 Seiten, 60 Abb., 4 Tabellen, DM 19,40

HEFT 217
Rationalisierungskuratorium der Deutschen Wirtschaft (RKW), Frankfurt/Main
Typenvielzahl bei Haushaltgeräten und Möglichkeiten einer Beschränkung
1956, 328 Seiten, 2 Abb., 181 Tabellen, DM 49,50

HEFT 218
Dr. F. Keune, Aachen
Bericht über eine Theorie der Strömung um Rotationskörper ohne Anstellung bei Machzahl Eins
1955, 40 Seiten, 8 Abb., 5 Formelblätter, DM 8,80

WESTDEUTSCHER VERLAG · KÖLN UND OPLADEN

HEFT 219
Prof. Dr. W. Fuchs, Aachen
Untersuchungen zur Holzabfallverwertung und zur Chemie des Lignins
1955, 54 Seiten, 11 Abb., 15 Tabellen, DM 11,40

HEFT 220
Prof. Dr. W. Fuchs, Aachen
Die Entwicklung neuer Regel- und Kontroll-Apparate zur coulometrischen Analyse
1956, 76 Seiten, 17 Abb., 23 Tabellen, DM 15,50

HEFT 221
Dr. W. Meyer-Eppler, Bonn
Experimentelle Untersuchungen zum Mechanismus von Stimme und Gehör in der lautsprachlichen Kommunikation
1955, 56 Seiten, 24 Abb., DM 13,45

HEFT 222
Dr. L. Köllner, Münster, und Dipl.-Volkswirt M. Kaiser, Bochum
Die internationale Wettbewerbsfähigkeit der westdeutschen Wollindustrie
1956, 214 Seiten, DM 39,50

HEFT 223
Dr.-Ing. K. Alberti und Dr. F. Schwarz, Köln
Über das Problem Hartbrand-Weichbrand
1956, 54 Seiten, 25 Abb., 14 Tabellen, DM 12,10

HEFT 224
Dipl.-Ing. H. Stüdemann und Ing. R. Ben, Solingen
Verfahren zur Prüfung der Korrosionsbeständigkeit von Messerklingen aus rostfreiem Stahl
1956, 82 Seiten, 28 Abb., DM 16,90

HEFT 225
Dr.-Ing. E. Barz, Remscheid
Der Spannungszustand von Gattersägeblättern
1956, 74 Seiten, 54 Abb., DM 16,50

HEFT 226
Technisch-wissenschaftliches Büro für die Bastfaserindustrie, Bielefeld
Untersuchungen zur Verbesserung des Leinenwebstuhles IV
Die Wirkung verschiedener Kettbaumbremsen auf die Verwebung von Leinengarnen
1956, 64 Seiten, 9 Abb., 4 Tabellen, DM 13,50

HEFT 227
Prof. Dr. F. Wever, Düsseldorf und Dr. W. Wepner, Köln
Untersuchung der Alterungsneigung von weichen unlegierten Stählen durch Härteprüfung bei Temperaturen bis 300 Grad C
1956, 34 Seiten, 20 Abb., 3 Tabellen, DM 7,95

HEFT 228
Prof. Dr. F. Wever, Dr. W. Koch, Düsseldorf, und Dr. B. A. Steinkopf, Dortmund
Spektrochemische Grundlagen der Analyse von Gemischen aus Kohlenmonoxyd, Wasserstoff und Stickstoff
1956, 42 Seiten, 18 Abb., 1 Tabelle, DM 9,90

HEFT 229
Prof. Dr. F. Wever, Dr. W. Koch und Dr.-Ing. H. Malissa, Düsseldorf
Über die Anwendung disubstituierter Dithiocarbamate der analytischen Chemie
1956, 44 Seiten, 30 Abb., 5 Tabellen, DM 10,50

HEFT 230
Prof. Dr. F. Wever, Düsseldorf, und Dr. W. Wepner, Köln
Bestimmung kleiner Kohlenstoffgehalte im Alpha-Eisen durch Dämpfungsmessung
1956, 34 Seiten, 5 Abb., 2 Tabellen, DM 7,70

HEFT 231
Dr.-Ing. W. Küch, Dortmund
Über die Wechselwirkung zwischen Holzschutzbehandlung und Verleimung
1956, 48 Seiten, 10 Abb., 8 Tabellen, DM 10,40

HEFT 232
Prof. Dr.-Ing. O. Kienzle, Hannover, und Dr.-Ing. H. Münnich, Schweinfurt
Feststellung der Spannungen und Dehnungen und Bruchdrehzahlen der unter Fliehkraft und Bearbeitungskraft beanspruchten Schleifkörper
in Vorbereitung

HEFT 233
Dr. H. Haase, Hamburg
Infrarot-Bibliographie *1956, 90 Seiten, DM 17,80*

HEFT 234
Dr.-Ing. K. G. Speith und Dr.-Ing. A. Bungeroth, Duisburg
Versuche zur Steigerung des Kokillen-Schluckvermögens beim Stranggießen von Stahl
1956, 26 Seiten, 5 Abb., DM 6,15

HEFT 235
Prof. Dr.-Ing. K. Leist und Dipl.-Ing. W. Dettmering, Aachen
Turbinenschaufeln aus Kunststoff für Kaltluftversuchsanlagen
1956, 46 Seiten, 43 Abb., 3 Tabellen, DM 12,40

HEFT 236
Dr.-Ing. O. Viertel und S. Lucas, Krefeld
Ergebnisse einer Hausfrauenbefragung über Wascheinrichtungen und Waschmethoden in städtischen Haushaltungen
1956, 34 Seiten, 4 Abb., DM 7,60

HEFT 237
Dr. P. Endler und Dr. H. Ludes, Köln
Bericht über eine Studienreise zur Orientierung der heutigen Behandlung der Lungentuberkulose in den Vereinigten Staaten von Nordamerika
1956, 32 Seiten, DM 7,10

HEFT 238
Institut für textile Meßtechnik, M.-Gladbach, e. V.
Untersuchungen der Verzugsvorgänge an den Streckwerken verschiedener Spinnereimaschinen. 3. Bericht: Theoretische Betrachtungen über den Einfluß schlagender Zylinder und Druckrollen
1956, 66 Seiten, 21 Abb., DM 14,10

HEFT 239
Prof. Dr.-Ing. K. Leist, Dipl.-Ing. H. Scheele, Aachen, und Dipl.-Ing. F. H. Flottmann, Herne
Versuche an einem neuartigen luftgekühlten Hochleistungs-Kolbenkompressor
1956, 72 Seiten, 19 Abb., 7 Tabellen, DM 14,40

HEFT 240
Prof. Dr.-Ing. K. Leist und Dipl.-Ing. H. Scheele, Aachen
Temperaturmessungen an einem einstufigen luftgekühlten 4-Zylinder-Kolbenkompressor mit Kühlgebläse
1956, 74 Seiten, 36 Abb., DM 14,80

HEFT 241
Prof. Dr.-Ing. K. Leist und Dipl.-Ing. M. Pötke, Aachen
Leistungsversuche an einem Kühlluftgebläse
1956, 60 Seiten, 13 Abb., DM 11,70

HEFT 242
Prof. Dr.-Ing. K. Leist und Dipl.-Ing. K. Graf, Aachen
Straßenfahrzeuge mit Gasturbinenantrieb
1956, 82 Seiten, 63 Abb., DM 17,20

HEFT 243
Prof. Dr.-Ing. K. Leist und Dipl.-Ing. S. Förster, Aachen
Die französische Kleingasturbine Artouste — 1. Teil
1956, 80 Seiten, 41 Abb., DM 15,85

HEFT 244
Prof. Dr. F. Wever, Dr. W. Koch und Dr. S. Eckhard, Düsseldorf
Erfahrungen mit der spektrochemischen Analyse von Gefügebestandteilen des Stahles
1956, 32 Seiten, 8 Abb., 2 Tabellen, DM 7,80

HEFT 245
Prof. Dr.-Ing. habil. K. Krekeler, Aachen
Das Verbinden von Metallen durch Kunstharzkleber. Teil I: Eigenschaften und Verwendung der Metallklebstoffe
1956, 48 Seiten, 8 Abb., DM 10,25

HEFT 246
Prof. Dr.-Ing. habil. K. Krekeler, Aachen
Das Verbinden von Metallen durch Kunstharzkleber. Teil II: Untersuchungen an geklebten Leichtmetall-Verbindungen
1956, 80 Seiten, 40 Abb., DM 17,50

HEFT 247
Dr. H. Söhngen, Darmstadt
Strömung vor einem Überschall-Laufrad
1956, 26 Seiten, 4 Abb., DM 7,60

HEFT 248
Rheinische Aktiengesellschaft für Braunkohlenbergbau und Brikettfabrikation, Köln
Untersuchung der Bindemitteleigenschaften von Braunkohlenfilteraschen
1956, 176 Seiten, 26 Abb., 30 Tabellen, DM 35,60

HEFT 249
Dr. M.-E. Meffert, Essen
Weitere Kulturversuche Scenedesmus obliquus
1956, 36 Seiten, 5 Abb., 10 Tabellen, DM 8,—

HEFT 250
Dr. F. Schwarz und Dr.-Ing. K. Alberti, Köln
Entwicklung von Untersuchungsverfahren zur Gütebeurteilung von Industriekalken
1956, 36 Seiten, 9 Abb., DM 16,50

HEFT 251
Prof. Dr. H. Bittel, Münster
Zur Statistik der ferromagnetischen Elementarvorgänge und ihren Einfluß auf das Barkhausenrauschen
1956, 52 Seiten, 14 Abb., DM 11,65

HEFT 252
Dipl.-Ing. H. Frings, Geilenkirchen
Die Wirkung abfallender Wetterführung auf Wettertemperatur, Grubengasgehalt und Staubbildung
1957, 126 Seiten, 23 Abb., 13 Falttafeln, 38 Tab., DM 35,70

HEFT 253
Dipl.-Ing. S. Schirmanski, Berghausen
Stand und Auswertung der Forschungsarbeiten über Temperatur- und Feuchtigkeitsgrenzen bei der bergmännischen Arbeit
1957, 80 Seiten, 24 Abb., 12 Tab., DM 17,10

HEFT 254
Prof. Dr. R. Danneel, Bonn
Quantitative Untersuchungen über die Entwicklung des Ehrlich-Ascitestumors bei Inzuchtmäusen
1956, 52 Seiten, 17 Tabellen, DM 11,75

HEFT 255
Ing. B. v. Schlippe, Bad Nauheim
Strömung von Flüssigkeiten mit temperaturabhängiger Zähigkeit (Kühlung von Öfen)
1956, 54 Seiten, 12 Abb., 4 Tabellen, DM 11,70

HEFT 256
Prof. Dr. C. Schmieden und Dipl.-Math. K. H. Müller, Darmstadt
Die Strömung einer Quellstrecke im Halbraum — eine strenge Lösung der Navier-Stokes-Gleichungen
1956, 40 Seiten, 9 Abb., DM 8,80

HEFT 257
Prof. Dr. G. Lehmann und Dr. J. Tamm, Dortmund
Die Beeinflussung vegetativer Funktionen des Menschen durch Geräusche
1956, 48 Seiten, 25 Abb., 3 Tabellen, DM 11,20

HEFT 258
Dr. H. Paul, Linz (Rhein), und Prof. Dr. O. Graf, Dortmund
Zur Frage der Unfälle im Bergbau
1956, 52 Seiten, 9 Abb., 22 Tabellen, DM 11,20

HEFT 259
Prof. D. W. Linke, Aachen
Strömungsvorgänge in künstlich belüfteten Räumen
1956, 52 Seiten, 37 Abb., 1 Tabelle, DM 11,80

HEFT 260
Prof. Dr. W. Kast, Freiburg (Br.), Prof. Dr. A. H. Stuart und Dipl.-Phys. H. G. Fendler, Hannover
Lichtzerstreuungsmessungen an Lösungen hochpolymerer Stoffe
1956, 70 Seiten, 25 Abb., 5 Tabellen, DM 15,60

HEFT 261
Prof. Dr. W. Kast, Freiburg (Br.)
Feinstruktur-Untersuchungen an künstlichen Zellulosefasern verschiedener Herstellungsverfahren. Teil II: Der Kristallisationszustand
1956, 80 Seiten, 27 Abb., 11 Tabellen, DM 17,20

HEFT 262
Dr.-Ing. W. Batel, Aachen
Untersuchungen zur Absiebung feuchter, feinkörniger Haufwerke und Schwingsieben
1956, 100 Seiten, 45 Abb., 5 Tabellen, DM 23,40

HEFT 263
Prof. Dr. H. Lange und Dipl.-Phys. R. Kohlhaas, Köln
Über die Wärmeleitfähigkeit von Stählen bei hohen Temperaturen: Teil I: Literaturbericht
1956, 48 Seiten, 26 Abb., 8 Tabellen, DM 10,70

HEFT 264
Prof. Dr. W. Weizel, Bonn
Durch schnelle Funkenzusammenbrüche ausgelöste Signale auf einer Leitung
1956, 26 Seiten, 4 Abb., 3 Tabellen, DM 6,10

HEFT 265
Prof. Dr. F. Micheel und Dr. R. Engel, Münster
Eine Apparatur zur elektrophoretischen Trennung von Stoffgemischen
1956, 38 Seiten, 21 Abb., DM 9,20

HEFT 266
Fliesen-Beratungsstelle Bad Godesberg-Mehlem
Güteeigenschaften keramischer Wand- und Bodenfliesen und deren Prüfmethoden
1956, 32 Seiten, DM 7,10

HEFT 267
Prof. Dr. W. Weizel und B. Brandt, Bonn
Zur Stabilität stromstarker Glimmentladungen
1956, 36 Seiten, 7 Abb., DM 8,40

WESTDEUTSCHER VERLAG · KÖLN UND OPLADEN

HEFT 268
Prof. Dr.-Ing. G. Vogelpohl, Göttingen
Über die Tragfähigkeit von Gleitlagern und ihre Berechnung
1956, 76 Seiten, 24 Abb., 7 Tabellen, DM 16,85

HEFT 269
Markscheider R. Bals, Bochum
Eignung des Gebirgsankerausbaus zur Erleichterung des Streckenvortriebs im Steinkohlenbergbau
1956, 84 Seiten, 41 Abb., DM 18,75

HEFT 270
Dr. H. Krebs und Mitarbeiter, Bonn
Die Trennung von Racematen auf chromatographischem Wege
1956, 62 Seiten, 18 Tabellen, DM 12,95

HEFT 271
Prof. Dr.-Ing. H. Opitz und Dipl.-Ing. H. Axer, Aachen
Beeinflussung des Verschleißverhaltens bei spanenden Werkzeugen durch flüssige und gasförmige Kühlmittel und elektrische Maßnahmen
1956, 46 Seiten, 28 Abb., DM 10,70

HEFT 272
Prof. Dr. W. Fuchs und Dr. H. Dresia, Aachen
Untersuchungen über die Schnellverbrennung und Schnellvergasung fester Brennstoffe
1956, 56 Seiten, 14 Abb., 3 Tabellen, DM 11,90

HEFT 273
Fa. K. W. Tacke G.m.b.H., Wuppertal-Barmen
Erfahrungen beim Verspinnen von Perlonfasern und bei der Herstellung von Trikotagen aus gesponnenem Perlon
1956, 36 Seiten, DM 7,90

HEFT 274
Prof. Dr.-Ing. K. Krekeler, Aachen
Qualitative Untersuchungen bei Verbindungsschweißungen mittels Lichtbogenschweißautomaten unter Verwendung von Blankdraht und Zugabe von ferromagnetischem Pulver als Umhüllung
1956, 68 Seiten, 40 Abb., 8 Tabellen, DM 15,45

HEFT 275
Prof. Dr.-Ing. habil. K. Krekeler, Aachen, und Dipl.-Ing. H..Verhoeven, Aachen
Quantitative Untersuchungen von Punktschweißverbindungen an Tiefzieh- und Aluminiumblechen, die nach dem Argonarc-Punktschweißverfahren hergestellt werden
1956, 64 Seiten, 45 Abb., DM 14,60

HEFT 276
Fa. E. Haage, Mülheim (Ruhr)
Entwicklungsarbeiten im Apparatebau für Laboratorien
1956, 48 Seiten, 18 Abb., DM 10,50

HEFT 277
Dr.-Ing. W. Müchler, Essen
Untersuchung und zahlenmäßige Bestimmung der Schneideigenschaften von Messern mit besonderer Berücksichtigung rostfreier Messerstähle
1956, 60 Seiten, 27 Abb., 5 Tabellen, DM 13,20

HEFT 278
Dipl.-Ing. J. Stelter und Dipl.-Ing. H. Kickert, Aachen
I. Sichtbarmachung von Ultraschallfeldern unter Verwendung photographischer Emulsionsschichten
II. Methode zur Bestimmung der wirklichen Temperaturverhältnisse in Flüssigkeiten während der Beschallung (Nach einer Diplom-Arbeit von H. Schnitzler)
1956, 54 Seiten, 24 Abb., DM 12,75

HEFT 279
Dr. F. Keune, Aachen
Der gewölbte und verwundene Tragflügel ohne Dicke in Schallnähe
1956, 42 Seiten, 15 Abb., DM 9,25

HEFT 280
Dipl.-Ing. J. Stelter und Dipl.-Ing. E. Pfende, Aachen
Über Störerscheinungen bei Schallgeschwindigkeitsmessungen mittels der Interferometermethode
1956, 42 Seiten, 13 Abb., DM 9,60

HEFT 281
Prof. Dr.-Ing. K. Lürenbaum, Aachen
Der Meßwagen des Instituts für Maschinen-Dynamik der Deutschen Versuchsanstalt für Luftfahrt, Aachen
1956, 34 Seiten, 17 Abb., DM 8,60

HEFT 282
Bergrat a. D. Scherer, Bochum
Das B. T.-Schwelverfahren und seine Anwendung auf der Anlage Marienau
1956, 44 Seiten, 7 Abb., DM 9,60

HEFT 283
Prof. Dr. F. Wever und Dr.-Ing. W. Lueg, Düsseldorf
Warmstauchversuche zur Ermittlung der Formänderungsfestigkeit von Gesenkschmiede-Stählen
1956, 44 Seiten, 19 Abb., DM 9,90

Heft 284
Prof. Dr. F. Wever, Düsseldorf, Dr.-Ing. H. J. Wiester, Essen, Dr.-Ing. F. W. Straßburg, Duisburg, Prof. Dr.-Ing. H. Opitz, Aachen, und Dr.-Ing. K. H. Fröhlich, Köln
Einfluß des Gefüges auf die Zerspanbarkeit von Einsatz- und Vergütungsstählen
1957, 88 Seiten, 126 Abb., 11 Tab., DM 22,45

HEFT 285
Prof. Dr.-Ing. O. Kienzle, Dr.-Ing. K. Lange, Hannover, und Dipl.-Ing. H. Meinert, Osterode
Einfluß der Oberfläche auf das Verschleißverhalten von Schmiedegesenken
1956, 62 Seiten, 29 Abb., 8 Tabellen, DM 14,60

HEFT 286
Dr.-Ing. K. Lange, Hannover, Dipl.-Ing. H. Meinert, Osterode, unter Mitarbeit von Dr.-Ing. H. Arend, Mülheim (Ruhr)
Verschleißverhalten hartverchromter Schmiedegesenke
1956, 74 Seiten, 53 Abb., 6 Tabellen, DM 17,65

HEFT 287
Prof. Dr. habil. K. Krekeler, Aachen
Änderungen der mechanischen Eigenschaftswerte thermoplastischer Kunststoffe bei Beanspruchung in verschiedenen Medien
1956, 62 Seiten, 23 Abb., 5 Tabellen, DM 13,70

HEFT 288
Dr. K. Brücker-Steinkuhl, Düsseldorf
Anwendung mathematisch-statischer Verfahren in der Industrie
1956, 103 Seiten, 27 Abb., 14 Tabellen, DM 24,20

HEFT 289
Prof. Dr.-Ing. H. Winterhager, Aachen
Kombinierter Widerstands- und Lichtbogen-Vakuumofen zur Verarbeitung von Titanschwamm
Prof. Dr. Dr. h. c. R. Schwarz, Aachen
Erforschung neuer Wege zur Darstellung von Titanmetall
1957, 42 Seiten, 18 Abb., DM 9,70

HEFT 290
Dr. D. Horstmann, Düsseldorf
I. Der verstärkte Angriff des Zinks auf Eisen im Temperaturgebiet um 500° C
II. Einfluß eines Antimongehaltes auf den Angriff von Zinkschmelzen auf Eisen
1956, 48 Seiten, 33 Abb., 3 Tabellen, DM 11,90

HEFT 291
Dr.-Ing. H. J. Wiester und Dr. D. Horstmann, Düsseldorf
Der Angriffeisengesättigter Zinkschmelzen auf silizium- und manganhaltiges Eisen
1956, 52 Seiten, 45 Abb., 8 Tabellen, DM 12,60

HEFT 292
Dipl.-Ing. W. Rohs und Text.-Ing. H. Griese, Bielefeld
Webversuche an Leinenwebstühlen mit verbesserter Schaftbewegung
1956, 34 Seiten, 3 Abb., 2 Tabellen, DM 7,60

HEFT 293
Prof. J. W. Korte, unter Mitarbeit von Dipl.-Ing. P. A. Mäcke und Dipl.-Ing. W. Leutzbach, Aachen
Die Leistungsfähigkeit von Verkehrsanlagen des motorisierten städtischen Straßenverkehrs
1956, 98 Seiten, 35 Abb., 5 Tabellen, 1 Falttafel, DM 22,50

HEFT 294
Dipl.-Ing. B. Naendorf, Essen
Untersuchungen industrieller Gasbrenner
1956, 58 Seiten, 6 Abb., 3 Tabellen, DM 12,40

HEFT 295
Prof. Dr.-Ing. H. Opitz und Dipl.-Ing. H. Axer, Aachen
Untersuchung und Weiterentwicklung neuartiger elektrischer Bearbeitungsverfahren
1956, 42 Seiten, 27 Abb., DM 10,30

HEFT 296
Prof. Dr.-Ing. H. Opitz, Aachen
I. Untersuchungen an elektronischen Regelantrieben
II. Statische Untersuchungen zur Ausnutzung von Drehbänken
1956, 46 Seiten, 18 Abb., DM 10,40

HEFT 297
Dr. K. Schaarwächter, Düsseldorf
Die Reduktion von Siliziumtetrachlorid im Lichtbogen zur nachfolgenden Silizierung von Eisenblechen
in Vorbereitung

HEFT 298
Prof. Dr.-Ing. E. Oehler, Aachen
Untersuchung von kritischen Drehzahlen, die durch Kreiselmomente verursacht werden
1956, 50 Seiten, 35 Abb., DM 13,15

HEFT 299
Dr. J. Fassbender und W. Hoppe, Bonn
Eine photoelektrische Nachlaufeinrichtung für Analogie-Rechenmaschinen
1956, 20 Seiten, 8 Abb., DM 7,65

HEFT 300
Prof. Dr. E. Schütz und Privatdozent Dr. H. Caspers, Münster
Tierexperimentelle Untersuchungen über die Alkoholwirkungen auf Erregbarkeit und bioelektrische Spontanaktivität der Hirnrinde
1956, 44 Seiten, 6 Abb., 1 Tabelle, DM 9,55

HEFT 301
Prof. Dr. W. Weltzien, Dr. G. Cossmann und P. Diehl, Krefeld
Über die fraktionierte Füllung von Polyamiden (II)
1956, 54 Seiten, 1 Abb., 16 Tabellen, DM 11,30

HEFT 302
Prof. Dr.-Ing. W. Wegener und Dipl.-Ing. W. Zahn, Aachen
Untersuchungen von gesponnenen Garnen auf ihre Gleichmäßigkeit nach verschiedenen Meßmethoden
1957, 58 Seiten, 34 Abb., DM 15,20

HEFT 303
Prof. Dr. Ing. S. Kiesskalt, Aachen
Das Institut der Forschungsgesellschaft Verfahrenstechnik e. V. an der Technischen Hochschule Aachen
1956, 76 Seiten, 20 Abb., 3 Tabellen, DM 16,40

HEFT 304
Prof. Dr.-Ing. K. Krekeler, Düsseldorf, und Dipl.-Ing. A. Kleine-Albers, Aachen
Beitrag zur thermoelastischen Warmformbarkeit von Hart-PVC
1957, 72 Seiten, 29 Abb., DM 17,70

HEFT 305
Prof. Dr.-Ing. K. Krekeler, Düsseldorf, Dr.-Ing. H. Peukert, Aachen, und Dipl.-Ing. W. Schmitz, Siegburg
Heißgas-Schweißung von Hart-Polyvinylchlorid mit Zusatzwerkstoff
1956, 44 Seiten, 27 Abb., 5 Tabellen, DM 12,50

HEFT 306
Prof. Dr. B. Rensch, Münster
Elektrophysiologische Untersuchungen zur Analysierung der Bildung von Assoziationen und Gedächtnisspuren in Gehirn und Rückenmark
Prof. Dr. A. Loeser, Münster
Akute und chronische Giftwirkungen sauerstoffhaltiger Lösungsmittel
1956, 36 Seiten, 9 Abb., DM 8,90

HEFT 307
Privatdozent Dr. J. Juilfs, Krefeld
Vergleichende Untersuchungen zur elastischen und bleibenden Dehnung von Fasern
1956, 36 Seiten, 11 Abb., DM 8,30

HEFT 308
Privatdozent Dr. J. Juilfs, Krefeld
Zur Messung der Fadenglätte
1956, 22 Seiten, 10 Abb., 2 Tabellen, DM 8,—

HEFT 309
Prof. Dr. K. Cruse und Mitarbeiter, Clausthal-Zellerfeld
Aufbau und Arbeitsweise eines universell verwendbaren Hochfrequenz-Titrationsgerätes
1957, 48 Seiten, 29 Abb., DM 11,90

HEFT 310
Dr. P. F. Müller, Bonn
Die Integrieranlage des Rheinisch-Westfälischen Instituts für Instrumentelle Mathematik in Bonn
1956, 62 Seiten, 6 Abb., 30 Satzskizzen, DM 14,45

HEFT 311
Prof. Dr. F. Wever und Dr. M. Hempel, Düsseldorf
Dauerschwingfestigkeit von Stählen bei erhöhten Temperaturen
Teil I: Erkenntnisse aus bisherigen Dauerschwingversuchen in der Wärme
1956, 48 Seiten, 19 Abb., 2 Tabellen, DM 10,90

HEFT 312
Prof. Dr. F. Wever und Dr. M. Hempel, Düsseldorf
Dauerschwingfestigkeit von Stählen bei erhöhten Temperaturen
Teil II: Zug-Druck-Dauerschwingversuche an zwei warmfesten Stählen bei Temperaturen von 500 bis 650°
1956, 48 Seiten, 20 Abb., 3 Tabellen, DM 11,80

WESTDEUTSCHER VERLAG · KÖLN UND OPLADEN

HEFT 313
*Prof. Dr. F. Wever, Dr. W. Koch und
Dipl.-Phys. H. Rohde, Düsseldorf*
Änderungen des Habitus und der Gitterkonstanten des Zementits in Chromstählen bei verschiedenen Wärmebehandlungen
1956, 88 Seiten, 29 Abb., 8 Tabellen, DM 20,90

HEFT 314
Prof. Dr. F. Wever, Dr.-Ing. A. Krisch, Düsseldorf, und Dr.-Ing. H.-J. Wiester, Essen
Veränderungen im Gefügeaufbau von Chrom-Nickel-Molybdän-Stählen bei langzeitiger Beanspruchung im Zeitstandversuch bei 500°
1956, 48 Seiten, 26 Abb., 5 Tabellen, DM 11,70

HEFT 315
Prof. Dr. F. Wever und Dr.-Ing. A. Krisch, Düsseldorf
Metallkundliche Untersuchungen an Zeitstandproben
1956, 38 Seiten, 12 Abb., DM 9,15

HEFT 316
Dr. F. Keune, Aachen
Zusammenfassende Darstellung und Erweiterung des Aequivalenzsatzes für schallnahe Strömung
1956, 80 Seiten, 22 Abb., DM 17,90

HEFT 317
Dr.-Ing. J. Stelter, Aachen
Mikrobiologische Ultraschallwirkungen
1957, 106 Seiten, 41 Abb., 12 Tab., DM 23,90

HEFT 318
Dipl.-Ing. H. Kickert, Aachen
Über die Ausbreitung von Ultraschall in Luft
in Vorbereitung

HEFT 319
Prof. Dr. C. Kröger, Aachen
Gemengereaktionen und Glasschmelze
1957, 118 Seiten, 53 Abb., 16 Tab., DM 26,—

HEFT 320
Dr. H.-E. Caspary, Köln
Verwendung von Szintillationszählern an Stelle von Zählrohren zur zerstörungsfreien Materialprüfung
1956, 42 Seiten, 13 Abb., 2 Tabellen, DM 10,10

HEFT 321
*Prof. Dr. F. Wever, Düsseldorf, und
Dr. W. Wepner, Köln*
Gleichzeitige Bestimmung kleiner Kohlenstoff- und Stickstoffgehalte im a-Eisen durch Dämpfungsmessung
1956, 30 Seiten, 3 Abb., 4 Tabellen, DM 6,80

HEFT 322
*Prof. Dr.-Ing. F. Bollenrath und
Dipl.-Ing. W. Domke, Aachen*
Eigenspannungen in vergüteten, dickwandigen Stahlzylindern nach Oberflächenhärtung mit induktiver Erwärmung
1956, 30 Seiten, 9 Abb., 2 Tabellen, DM 6,90

HEFT 323
Prof. Dr. R. Seyffert, Köln
Wege und Kosten der Distribution der Textilien, Schuh- und Lederwaren
1956, 98 Seiten, 37 Tabellen, 1 Falttaf., DM 12,—

HEFT 324
*Prof. Dr.-Ing. H. Opitz, Dr.-Ing. E. Saljé und
Dipl.-Ing. K. E. Schwartz, Aachen*
Richtwerte für das Außenrund-Längs- und Einstechschleifen
1956, 62 Seiten, 44 Abb., 2 Tabellen, DM 13,85

HEFT 325
Prof. Dr. E. Schratz, Münster
Pharmakognostische Untersuchungen am Medizinal-Rhabarber
in Vorbereitung

HEFT 326
Prof. Dr.-Ing. E. Essers und Mitarbeiter, Aachen
Deichselkräfte an Lastzügen
in Vorbereitung

HEFT 327
*Prof. Dr.-Ing. habil. K. Krekeler und
Dr.-Ing. H. Peukert, Aachen*
Beitrag zur thermoelastischen Formbarkeit von Polyäthylen
1956, 56 Seiten, 49 Abb, 9 Tabellen, DM 12,80

HEFT 328
Dr. H. Maeder, Belo Horizonte
Schweißen von Temperguß
in Vorbereitung

HEFT 329
Dipl.-Ing. A. Krüger, Karlsruhe, und Feuerwehr-Ing. R. Radusch, Dortmund
Wasserzerstäubung im Strahlrohr
1956, 86 Seiten, 21 Abb., 3 Tabellen, DM 18,65

HEFT 330
Dipl.-Physiker E. Pepping, Aachen
Die Durchflußzahl des Rechteckschlitzes in einer sehr großen Wand
1957, 54 Seiten, 21 Abb., DM 12,35

HEFT 331
Dipl.-Ing. G. Bretschneider, Ruit
Die Messung der wiederkehrenden Spannung mit Hilfe des Netzmodelles
1957, 46 Seiten, 21 Abb., 2 Tab., DM 11,20

HEFT 332
Prof. Dr.-Ing. R. Jaeckel und Dr. G. Reich, Bonn
Messung von Dampfdrucken im Gebiet unter 10^{-2} Torr
1956, 42 Seiten, 16 Abb., 2 Tabellen, DM 10,40

HEFT 333
*Prof. Dipl.-Ing. W. Sturtzel und
Dr.-Ing. W. Graff, Duisburg*
I. Der Flachwassereinfluß auf den Form- und Reibungswiderstand von Binnenschiffen
II. Der Flachwassereinfluß auf die Nachstrom- und Sogverhältnisse bei Binnenschiffen
1956, 44 Seiten, 14 Abb., DM 9,80

HEFT 334
Prof. Dr. W. Weizel und Dr. G. Meister, Bonn
Spektralanalyse durch Messung des Interferenz-Kontrastes
1956, 42 Seiten, DM 9,80

HEFT 335
Prof. Dr. W. Weizel und H. Hornberg, Bonn
Untersuchungen der anodischen Teile einer Glimmentladung
1957, 62 Seiten, 14 Farbabb., 21 Abb., 1 Tab., DM 32,80

HEFT 336
Dr. Tung-ping Yao, Aachen
Die Viskosität metallischer Schmelzen
1957, 64 Seiten, 28 Abb., 2 Tab., DM 14,40

HEFT 337
Dr. R. Hoeppener und Dr. W. Bierther, Bonn
Tektonik und Lagestätten im Rheinischen Schiefergebirge
in Vorbereitung

HEFT 338
*Prof. Dr.-Ing. W. Wegener, Aachen, und
Dipl.-Ing. J. Schneider, M.-Gladbach*
Die Bedeutung der Knotenart für die Herabminderung der Fadenbrüche
1957, 40 Seiten, 6 Abb., DM 9,80

HEFT 339
*Prof. Dr.-Ing. W. Wegener und
Dipl.-Ing. W. Zahn, Aachen*
Vergleich des normalen mit verschiedenen abgekürzten Baumwollspinnverfahren in bezug auf Gleichmäßigkeit und Sortierungsstreuung der Garne
1956, 56 Seiten, 17 Abb., 17 Tabellen, DM 12,70

HEFT 340
Dipl.-Ing. W. Rohs und Dipl.-Ing. R. Otto, Bielefeld
Das Naßspinnen von Bastfasergarnen mit Spinnbadzusätzen unter Ausnutzung einer zentralen Spinnwasserversorgungsanlage
1956, 56 Seiten, 2 Abb., 6 Tabellen, DM 11,60

HEFT 341
Prof. Dr.-Ing. H. Winterhager und Dipl.-Ing. L. Werner, Aachen
Präzisions-Meßverfahren zur Bestimmung des elektrischen Leitvermögens geschmolzener Salze
1956, 44 Seiten, 19 Abb., 1 Tabelle, DM 10,60

HEFT 342
Prof. Dr.-Ing. H. Winterhager und Dipl.-Ing. W. Barthel, Aachen
Die Gewinnung von Titanschlackenkonzentraten aus eisenreichen Ilmeniten
1957, 60 Seiten, 30 Abb., 6 Tab., DM 13,30

HEFT 343
*Prof. Dr.-Ing. W. Petersen, Aachen, und Dipl.-Ing.
S. Wawroschek, Aachen*
Die zweckmäßigsten Gütebestimmungsverfahren und Brikettierungsbedingungen bei der Erzeugung von Braunkohlen-Eisenerz-Briketts
1957, 64 Seiten, 28 Abb., DM 13,95

HEFT 344
Prof. Dr.-Ing. W. Fucks, Aachen
Zur Deutung einfachster mathematischer Sprachcharakteristiken
1956, 38 Seiten, 12 Abb., DM 7,80

HEFT 345
Dipl.-Ing. G. Cerbe und Dipl.-Ing. H. Monstadt, Essen
Konvektive Trocknung mit gasbeheizter Luft und Trocknung durch Gasstrahler
1957, 46 Seiten, 16 Abb., DM 10,40

HEFT 346
Dipl.-Ing. O. Arnold, Aachen
Erfahrungen mit Kernbohrungen zur Lagerstättenuntersuchung im Erzbergbau
1957, 36 Seiten, 2 Abb., 3 Falttaf. 6 Tab., DM 8,80

HEFT 347
S. Ruff, F. Kipp, H. Hansteen und G. Müller, Bonn
Untersuchungen zur Frage der Gehörschädigungen des fliegenden Personals der Propellerflugzeuge
1957, 50 Seiten, 27 Abb., 3 Tab., DM 11,10

HEFT 348
*Prof. Dr.-Ing. E. Piwowarsky
und Dr.-Ing. E. G. Nickel, Aachen*
Eines hochwertigen Gußeisens mit kompakter bis kugelförmiger Graphitausbildung
1957, 54 Seiten, 27 Abb., 5 Tab., DM 13,30

HEFT 349
*Dr.-Ing. W. A. Fischer, Dr.-Ing. H. Treppschuh
und Dr.-Ing. K. H. Köthemann, Düsseldorf*
Tiegel aus Schmelzmagnesia für Vakuuminduktionsöfen
1957, 34 Seiten, 14 Abb. DM 8,40

HEFT 350
*Prof. Dr.-Ing. habil. K. Krekeler
und Dr.-Ing. H. Peukert, Aachen*
Das Spannungsverhalten der Kunststoffe bei der Verarbeitung
in Vorbereitung

HEFT 351
*Prof. Dr.-Ing. H. Opitz, Dipl.-Ing. H. Axer und
Dipl.-Ing. H. Rhode, Aachen*
Zerspanbarkeit hochwarmfester und nichtrostender Stähle. Teil I
1957, 96 Seiten, 73 Abb., 2 Tab., DM 21,80

HEFT 352
Dipl.-Ing. H. Fauser, Aachen
Fahrdynamik und Batterie-Arbeitsverbrauch von Akkumulatorenlokomotiven im Untertagebetrieb
in Vorbereitung

HEFT 353
Forschungsinstitut für Rationalisierung, Aachen
Schlagwortregister zur Rationalisierung
1957, 376 S., DM 56,—

HEFT 354
Dipl.-Ing. D. Wagener, Aachen
Auswirkungen neuer Gaserzeugungs-Verfahren unter Berücksichtigung der Auswirkung auf den Kokereibetrieb
in Vorbereitung

HEFT 355
*Prof. Dr.-Ing. habil. K. Krekeler, Dr.-Ing. H. Peukert und
Dipl.-Ing. A. Kleine-Albers, Aachen*
Heißgas-Schweißungen von Weich-Polyvinylchlorid mit Zusatzwerkstoff
in Vorbereitung

HEFT 356
Dipl.-Phys. G. Gurke, Aachen
Aufbau einer Meßanlage für Untersuchungen elektrischer Gasentladung im Bereiche großer p. d.-Werte
1956, 38 Seiten, 13 Abb., DM 8,65

HEFT 357
Prof. Dr.-Ing. W. Fucks, Aachen
Mathematische Analyse der Formalstruktur von Musik
in Vorbereitung

HEFT 358
*Prof. Dr. rer. nat. W. Weltzien, Dipl.-Chem. P. Ringel
und Text.-Ing. H. Kirchhoff, Krefeld*
Die Waschechtheit von Färbungen. Vergleichende Untersuchungen auf dem Gebiete der Echtheitsprüfung

HEFT 359
Dr.-Ing. F. J. Meister, Düsseldorf
Veränderung der Hörschärfe, Lautheitsempfindung und Sprachaufnahme während des Arbeitsprozesses bei Lärmarbeitern
1957, 84 Seiten, 11 Abb., 1 Tab., 40 Audiogramme, 40 Tab., DM 19,90

HEFT 360
Dr.-Ing. E. Barz, Remscheid
Fertigungsverfahren und Spannungsverlauf bei Kreissägeblättern für Holz
1957, 72 Seiten, 40 Abb., DM 17,—

HEFT 361
Dipl.-Ing. H. F. Klein, Aachen
Die nichtstationären Strömungsvorgänge und der Wärmeübergang in einem Schwingfeuergerät
in Vorbereitung

HEFT 362
*Prof. Dr. med. G. Lehmann und Dipl.-Phys.
D. Dieckmann, Dortmund*
Die Wirkung mechanischer Schwingungen (0,5 bis 100 Hertz) auf den Menschen
1957, 100 Seiten, 53 Abb., 6 Tab., DM 22,50

WESTDEUTSCHER VERLAG · KÖLN UND OPLADEN

HEFT 363
Dr.-Ing. U. Domm, Frankenthal (Pfalz)
Über eine Hypothese, die den Mechanismus der Turbulenz-Entstehung betrifft
1956, 28 Seiten, 4 Abb., DM 6,45

HEFT 364
Prof. Dr. Th. Beste, Köln
Die Mehrkosten bei der Herstellung ungängiger Erzeugnisse im Vergleich zur Herstellung vereinheitlichter Erzeugnisse
in Vorbereitung

HEFT 365
Sozialforschungsstelle an der Universität Münster, Dortmund
Standort und Wohnort
in Vorbereitung

HEFT 366
Versuchsanstalt für Binnenschiffbau e. V., Duisburg
Bei Flachwasserfahrten durch die Strömungsverteilung am Boden und an den Seiten stattfindende Beeinflussung des Reibungswiderstandes von Schiffen
1957, 96 Seiten, 39 Abb., 28 Tab., DM 20,40

HEFT 367
Dr. rer. nat. D. Horstmann, Düsseldorf
Der Angriff eisengesättigter Zinkschmelzen auf kohlenstoff-, schwefel- und phosphorhaltiges Eisen
1957, 52 Seiten, 22 Abb., 6 Tab., DM 12,85

HEFT 368
Prof. Dr. phil. H. Kaiser, Dortmund
Entwicklung betriebsmäßiger spektrochemischer Analysenverfahren für technische Gläser
1957, 40 Seiten, 11 Abb., DM 9,10

HEFT 369
Prof. Dr.-Ing. R. Jaeckel und Dipl.-Phys. F. J. Schittko, Bonn
Gasabgabe von Werkstoffen ins Vakuum
in Vorbereitung

HEFT 370
Dr. phil. habil. F. Schwarz, Köln
Physikochemische Grundlagen der Bildsamkeit von Kalken unter Einbeziehung des Begriffes der aktiven Oberfläche
in Vorbereitung

HEFT 371
Dr. phil. W. Lejeune, Köln
Beitrag zur statistischen Verifikation der Minderheiten-Theorie
in Vorbereitung

HEFT 372
Prof. Dr. phil. M. von Stackelberg, Bonn
Untersuchungen zur Ausarbeitung und Verbesserung von polarographischen Analysenmethoden. 2. Bericht
1957, 44 Seiten, 9 Abb., 7 Tab., DM 10,10

HEFT 373
Dipl.-Ing. H. J. Koch, Essen
Druckgasfeuerung — ein Verfahren zum Betrieb von Gasfeuerstätten
1957, 38 Seiten, 8 Abb., 10 Tab., DM 8,50

HEFT 374
Dr. E. Paproth, Krefeld
Paläontologische Bearbeitung der in den devonischen Schichten des Siegerlandes enthaltenen Faunen
1957, 38 Seiten, 3 Tab., DM 8,30

HEFT 375
Technischer Überwachungsverein e. V., Essen
Wanddickenmessungen mittels radioaktiver Strahlen und Zählrohrgerät
in Vorbereitung

HEFT 376
Technischer Überwachungsverein e. V., Essen
Wasserumlaufprobleme an Hochdruckkesseln
in Vorbereitung

HEFT 377
Technischer Überwachungsverein e. V., Essen
Versuche an Wanderrostkesseln mit befeuchteter Verbrennungsluft
in Vorbereitung

HEFT 378
Oberingenieur H. Stein, M.-Gladbach
Beobachtung und maßtechnische Erfassung der Vorgänge im Spinn- und Aufwindefeld von Ringspinn- und Ringzwirnmaschinen
in Vorbereitung

HEFT 379
Laboratorium für textile Meßtechnik, M.-Gladbach
Schußfadenspannung beim Weben
in Vorbereitung

HEFT 380
Dipl.-Phys. R. Trappenberg, Karlsruhe
Theoretische und experimentelle Untersuchungen zur Staubverteilung einer Rauchfahne
in Vorbereitung

HEFT 381
Dr. J. Juils, Krefeld
Zur Dichtebestimmung von Fasern. Methoden und Beispiele der praktischen Anwendung
in Vorbereitung

HEFT 382
Dr. phil. habil. P. Hölemann, Ing. R. Hasselmann und Ing. G. Dix, Dortmund
Die Messung von Flammen und Detonationsgeschwindigkeiten bei der explosiven Zersetzung von Acetylen in Rohren
1957, 36 Seiten, 7 Abb., 4 Tab., DM 8,10

HEFT 383
Dr. phil. habil. P. Hölemann und Ing. R. Hasselmann, Dortmund
Verlauf von Azetylenexplosionen in Rohren bei Gegenwart von porösen Massen
in Vorbereitung

HEFT 384
Prof. Dr.-Ing. H. Opitz, Aachen
Schwingungsuntersuchungen an Werkzeugmaschinen
in Vorbereitung

HEFT 385
Prof. Dr.-Ing. H. Opitz, Aachen
Zerspanbarkeit hochwarmfester und nichtrostender Stähle. Teil II
in Vorbereitung

HEFT 386
Prof. Dr.-Ing. H. Opitz, Aachen
Standzeituntersuchungen und Verschleißmessungen mit radioaktiven Isotopen
in Vorbereitung

HEFT 387
Prof. Dr. med. W. Kikuth und Dozent Dr. med. L. Grün, Düsseldorf
Die Verhütung von Infektion durch Desinfektion des Raumes und der Raumluft
in Vorbereitung

HEFT 388
Prof. Dr. rer. nat. habil. W. Baumeister und Dr. rer. nat. H. Burghardt, Münster
Die Bedeutung der Elemente Zink und Fluor für das Pflanzenwachstum
1957, 48 Seiten, 17 Tab. DM 10,20

HEFT 389
Prof. Dr.-Ing. habil. H. Fink und K. W. Hoppenhaus, Köln
Die biologische Eiweiß-Synthese von höheren und niederen Pilzen und die alimentäre Lebernekrose der Ratte
1957, 76 Seiten, 2 Abb., 24 Tab., DM 15,60

HEFT 390
Dr.-Ing. J. Endres und Dr.-Ing. G. Hiebel, München
Berechnung der optimalen Leistungen, Kraftstoffverbräuche und Wirkungsgrade von Luftfahrt-Gasturbinen-Triebwerken am Boden und in der Höhe bei Fluggeschwindigkeiten von 0—2000 km/h und bei vorgegebenen Düsenausströmgeschwindigkeiten
in Vorbereitung

HEFT 391
Prof. Dr. phil. F. Wever, Dr. phil. W. Koch und Dipl.-Chem. F. Stricker, Düsseldorf
Die quantitative spektrographische Analyse von Gasgemischen aus Kohlenmonoxyd, Wasserstoff und Stickstoff
in Vorbereitung

HEFT 392
Prof. Dr. phil. F. Wever u. a., Düsseldorf
Untersuchungen über den Konverterrauch im Hinblick auf die spektrale Überwachung des Thomasprozesses
in Vorbereitung

HEFT 393
Dr.-Ing. O. Viertel und S. Brückner-Lucas, Krefeld
Arbeitszeitstudien an Haushaltwaschmaschinen
in Vorbereitung

HEFT 394
Privatdozent Dr. med. W. Koch, Münster
Die Ablagerung radioaktiver Substanzen im Knochen
in Vorbereitung

HEFT 395
Dipl.-Ing. L. Hahn, Clausthal-Zellerfeld
Untersuchungen zur Frage des optimalen Bohrloch- und Patronendurchmessers
in Vorbereitung

HEFT 396
Prof. Dr.-Ing. F. Schultz-Grunow, Dr.-Ing. A. Jogerich, Essen, Dipl.-Ing. H. Meyer, cand. ing. P. Sand, Aachen
Untersuchungen des Luftwiderstandes von Güterwagen
in Vorbereitung

HEFT 397
Techn.-Wissenschaftliches Büro für die Bastfaserindustrie, Bielefeld
Ungleichmäßigkeiten in Bändern von Bastfaserkarden, ihre Ursachen und Auswirkungen
in Vorbereitung

HEFT 398
Prof. Dr. habil. H. E. Schwiete, Aachen, u. a.
Einlagerungsversuche an synthetischem Mullit I. — Die Zusammensetzung der Schmelzphase in Schamottesteinen I
in Vorbereitung

HEFT 399
Prof. Dr. habil. H. E. Schwiete und Dr.-Ing. R. Vinkeloe, Aachen
Möglichkeiten der quantitativen Mineralanalyse mit dem Zählrohrgerät unter besonderer Berücksichtigung der Mineralgehaltsbestimmung von Tonen
in Vorbereitung

HEFT 400
Prof. Dr. phil. W. Fuchs und Dipl.-Chem. H. Weyerstrass, Aachen
Entwicklung eines Heißfilters zur Reinigung von Gichtgas eines mit Kohle betriebenen Niederschachtofens
in Vorbereitung

HEFT 401
Prof. Dr.-Ing. M. Lipp und Dipl.-Chem. G. Frielingsdorf, Aachen
Darstellung reaktionsfähiger Verbindungen des Camphansystems und Versuche zu deren Fluorierung
1957, 84 Seiten, DM 17,—

HEFT 402
Prof. Dr. W. Linke, Aachen
Die Wärmeübertragung durch Thermopane-Fenster
in Vorbereitung

HEFT 403
Prof. Dr.-Ing. P. Denzel und Dipl.-Ing. W. Cremer, Aachen
Verbesserung der Benutzungsdauer der Höchstlast in ländlichen Netzen durch Anwendung elektrischer Geräte in der Landwirtschaft
in Vorbereitung

HEFT 404
Prof. Dr. R. Jaeckel und Dipl.-Phys. F. Gross, Bonn
Die Löslichkeit von Gasen in schwerflüchtigen organischen Flüssigkeiten
in Vorbereitung

HEFT 405
Prof. Dr.-Ing. H. Opitz und Dipl.-Ing. H. Schuler, Aachen
Untersuchungen für einen Wirtschaftlichkeitsvergleich der Feinbearbeitungsverfahren
in Vorbereitung

HEFT 406
W. Kirsch, Remscheid
Entwicklungsarbeiten auf dem Gebiete des Korrosionsschutzes
in Vorbereitung

HEFT 407
Prof. Dr.-Ing. H. Schenck, Aachen, und Dr.-Ing. W. Wenzel, Bad Godesberg
Entwicklungsarbeiten auf dem Gebiete der Verhüttung von Erzstaub in Schmelzkammern
in Vorbereitung

HEFT 408
Prof. Dr. phil. F. Wever, Dr.-Ing. W. Lueg und Dr.-Ing. H. G. Müller, Düsseldorf
Kraft- und Arbeitsbedarf beim Warmscheren von Stahl in Abhängigkeit von Temperatur und Schnittgeschwindigkeit
in Vorbereitung

WESTDEUTSCHER VERLAG · KÖLN UND OPLADEN

HEFT 409
Prof. Dr. phil. F. Wever, Dr. phil. W. Koch, Dr. rer. nat. Ch. Ilschner-Gensch und Dipl.-Phys. H. Rohde, Düsseldorf
Das Auftreten eines kubischen Nitrids in aluminiumlegierten Stählen
in Vorbereitung

HEFT 410
Prof. Dr. phil. F. Wever, Prof. Dr. rer. techn. A. Kochendörfer, Dr. phil. nat. M. Hempel, Düsseldorf und Dipl.-Phys. E. Hillenhagen, Köln
Biegewechselversuche mit Flachproben aus Alpha-Eisen-Einkristallen zur Bestimmung der Wechselfestigkeit und der Gleitspuren
in Vorbereitung

HEFT 411
Prof. Dr. W. Halbsguth und Dr. L. Sommer, Franfurt/M.
Grundlegende Versuche zur Keimungsphysiologie von Pilzsporen
in Vorbereitung

HEFT 412
Prof. Dr.-Ing. H. Opitz, Aachen
Kennwerte und Leistungsbedarf für Werkzeugmaschinengetriebe
in Vorbereitung

HEFT 413
Prof. Dr.-Ing. H. Opitz, Aachen
Richtwerte für das Fräsen von unlegierten und legierten Baustählen mit Hartmetall, Teil II
in Vorbereitung

HEFT 414
Dr. med. H. K. Parchwitz und Dr. med. C. Winkler, Bonn
Speicherung organischer Farbstoffe und künstlich radioaktiver Substanzen in Geschwülsten
in Vorbereitung

HEFT 415
Prof. Dr.-Ing. W. Paul, Dr. rer. nat. O. Osberghaus und Dipl.-Phys. E. Fischer, Bonn
Ein Ionenkäfig
in Vorbereitung

HEFT 416
Oberreg.-Gewerberat Dipl.-Ing. G. Steinicke, Hamburg
Die Wirkung von Lärm auf den Schlaf des Menschen
in Vorbereitung

HEFT 417
Prof. Dr.-Ing. habil. E. Rößger, Berlin
I. Teil: Die Entwicklung des Weltluftverkehrs, Ergänzungsbericht 1954
II. Teil: Die zivile Luftfahrtpolitik der USA
1957, 230 Seiten, 6 Abb., 83 Tab., DM 48,—

HEFT 418
O. Gdaniec, Mülheim/Ruhr
Über die Randlochkarte als Hilfsmittel in der Dokumentation
1957, 44 Seiten, 15 Abb., 8 Tab., DM 10,10

HEFT 419
K. Brooks
Die Messungen der Reflexionseigenschaften künstlicher und natürlicher Materialien mit quasi-optischen Methoden bei Mikrowellen
in Vorbereitung

HEFT 420
M. Vogel
Das Spektralgebiet zwischen dem langwelligen Ultrarot und Mikrowellen
in Vorbereitung

HEFT 421
ORR Dipl.-Volkswirt Dr. H. Rogmann, Düsseldorf
Die Erforschung der Verkehrskonjunktur und der langzeitigen Dynamik in der Verkehrswirtschaft (Zusammenfassung der eingegangenen Stellungnahmen und Vorschläge)
1957, 168 Seiten, 3 Tab., DM 26,60

HEFT 422
Prof. Dr.-Ing. K. Leist und Dipl.-Ing. W. Dettmering, Aachen
Prüfstände zur Messung der Druckverteilung an rotierenden Schaufeln
in Vorbereitung

HEFT 423
Prof. Dr.-Ing. K. Leist und Dr.-Ing. O. Thun, Aachen
Strömungsmessungen über Brennkammer-Wirkungsgrade
in Vorbereitung

HEFT 424
Prof. Dr.-Ing. K. Leist und Dipl.-Ing. I. Weber, Aachen
Spannungsoptische Untersuchungen von rotierenden Scheiben mit exzentrischen Bohrungen
in Vorbereitung

HEFT 425
Dipl.-Ing. H. Lübke, Hamburg
Gasturbinen und Strahlantriebe für Hubschrauber
in Vorbereitung

HEFT 426
Prof. Dr.-Ing. H. Opitz und Dipl.-Ing. W. Scholz, Aachen
Untersuchungen über den Räumvorgang
1957, 74 Seiten, 36 Abb., 7 Tab., DM 16,55

HEFT 427
Dr.-Ing. J. Endres, München
Kinematische Untersuchung eines Zweitakt-Hochleistungs-Dieseltriebwerks mit achsparallelen Zylindern und gegenläufigen Kolben
in Vorbereitung

HEFT 428
Dr.-Ing. J. Endres, München
Untersuchungen der Beschleunigungsverhältnisse eines Zweitakt-Hochleistungs-Dieseltriebwerks mit achsparallelen Zylindern und gegenläufigen Kolben
in Vorbereitung

HEFT 429
Prof. Dr. O. Kuhn, Köln
Selektive Wirkung verschiedener Stoffgruppen auf tierische Gewebe
1957, 54 Seiten, 32 Abb., DM 13,15

HEFT 430
Prof. Dr. G. Garbotz, Aachen und Dr.-Ing. G. Dress, Cadiz
Untersuchungen über das Kräftespiel an Flachbagger-Schneidwerkzeugen in Mittelsand und schwach bindigem, sandigem Schluff unter besonderer Berücksichtigung der Planierschilde und ebenen Schürfkübelschneiden
in Vorbereitung

HEFT 431
Prof. Dr.-Ing. H. Winterhager, Dr.-Ing. R. Kammel und Dipl.-Ing. W. Barthel, Aachen
Fortschritte auf dem Gebiet der Titanmetallurgie 1950—1955
in Vorbereitung

HEFT 432
Dipl.-Phys. R. Werz, Bonn
Die Entwicklung einer Synchrozyklotron-Ionenquelle
in Vorbereitung

HEFT 433
Dr.-Ing. G. Satlow, Aachen
Über einige physikalische und chemische Eigenschaften der Wolle von der gewaschenen Wolle bis zum Kammzug
1957, 72 Seiten, 15 Abb., 19 Tab., DM 15,25

HEFT 434
Dipl.-Ing. W. Rohs und Dr. J. Geurten, Bielefeld
Schlichten für Baumwollgarne
in Vorbereitung

HEFT 435
Dipl.-Ing. W. Rohs und Dipl.-Ing. L. Steinmetz, Bielefeld
Die Masseungleichmäßigkeit von Flachstreckenbändern in Abhängigkeit von Verzug und Dopplung
in Vorbereitung

HEFT 436
Priv.-Doz. Dr. habil. J. Juilfs, Krefeld
Zur Bestimmung der Reißlast (Zugfestigkeit) von Fasern, Fäden und Garnen
in Vorbereitung

HEFT 437
Prof. Dr. G. Schmölders und Dr. I. Meyer, Köln
Geldwertbewußtsein und Münzpolitik. — Das sogenannte Gresham'sche Gesetz im Lichte der ökonomischen Verhaltensforschung
in Vorbereitung

HEFT 438
Prof. Dr.-Ing. H. Winterhager und Dr.-Ing. L. Werner, Aachen
Bestimmung des elektrischen Leitvermögens geschmolzener Fluoride
in Vorbereitung

HEFT 439
Prof. Dr. phil. H. Lange, Köln und Dr. rer. nat. R. Kohlhaas, Neuß/Rh.
Anwendung der thermomagnetischen Analyse zum Studium des Umwandlungsverhaltens von Eisenwerkstoffen im Temperaturbereich von —150° C bis +150°C

HEFT 440
Dr.-Ing. H. Wolf, Aachen
Gekoppelte Hochfrequenzleitungen als Richtkoppler
in Vorbereitung

HEFT 441
Dr. phil. habil. P. Hölemann und Ing. R. Hasselmann, Düsseldorf
Messung des Temperatur- und Druckverlaufes beim Füllen und Entspannen von Dissousgas
1957, 52 Seiten, 6 Abb., 7 Tab., DM 11,25

HEFT 442
Dipl.-Ing. W. Rohs, Text.-Ing. Griese und Text.-Ing. W. Lauer, Bielefeld
Die Auswirkungen der Trocknungsart naßgesponnener Leinengarne auf deren Verarbeitungswirkungsgrad sowie auf die Festigkeits- und Dehnungseigenschaften der Garne und Gewebe
1957, 28 Seiten, 2 Abb., 3 Tab., DM 6,50

HEFT 443
Prof. Dr. phil. W. Weizel und K. Kluth, Bonn
Über die Struktur der positiven Gleitentladungen
in Vorbereitung

HEFT 444
Dr.-Ing. W. Wilhelm, Aachen
Einfluß der Saugrohrabmessung, der Einlaßsteuerlage und der Größe des Kurbelkastenvolumens auf den Ladungswechsel eines Einzylinder-Zweitakt-Dieselmotors
in Vorbereitung

HEFT 445
Dr.-Ing. E. Barz, Remscheid
Fertigungs- und Prüfverfahren für Feilen
vergriffen

HEFT 446
Dr. med. G. Schäfer
Glutationsstoffwechsel und Sauerstoffmangel
in Vorbereitung

HEFT 447
Prof. Dr.-Ing. F. Bollenrath, Aachen, Dr.-Ing. H. Füllenbach, Seesen/Harz und Dipl.-Ing. J. Schumacher, Neubeckum/Westf.
Entwicklung rationell arbeitender Spritzkabinen
in Vorbereitung

HEFT 448
Dr. med. C. Winkler, Bonn
Ein Koinzidenz-Szintillometer zum Zwecke der Schilddrüsenfunktionsdiagnostik und der Tumordiagnostik
in Vorbereitung

HEFT 449
Priv.-Doz. Oberbaurat Dr.-Ing. W. Meyer zur Capellen und Mitarbeiter, Aachen
Bewegungsverhältnisse an der geschränkten Schubkurbel
in Vorbereitung

HEFT 450
Prof. Dr.-Ing. W. Paul, Bonn und Dipl.-Phys. H. P. Reinhard, M.-Gladbach
Das elektrische Massenfilter als Isotopentrenner
in Vorbereitung

HEFT 451
Prof. Dr. G. Schmölders, Köln
Rationalisierung und Steuersystem

HEFT 452
Prof. Dr. rer. nat. W. Weltzien und Dr. phil. K. Windeck, Krefeld
Veränderungen an Fasern bei der Bleiche mit Natriumchlorid und über einige Vergilbungserscheinungen
in Vorbereitung

HEFT 453
Forschungsinstitut der Feuerfest-Industrie, Bonn
Die Arbeiten der technisch-wissenschaftlichen Kommission der PRE (Vereinigung der europäischen Feuerfest-Industrie)
in Vorbereitung

HEFT 454
Dr.-Ing. W. Piepenburg, Dipl.-Ing. B. Bühling und Bauing. J. Behnke, Köln
Haftfestigkeit der Putzmörtel
in Vorbereitung

WESTDEUTSCHER VERLAG · KÖLN UND OPLADEN

HEFT 455
Dr.-Ing. W. A. Fischer, Dr.-Ing. H. Treppschuh und Dipl.-Phys. K. H. Köthemann, Düsseldorf
Erschmelzung von Reinsteisen nach dem Kohlenstoffproduktionsverfahren und Kerbschlagzähigkeit-Temperatur-Kurven dieses Eisens
in Vorbereitung

HEFT 456
Priv.-Doz. Dir. Dr.-Ing. K. Bungardt, Essen
Zeitstandversuche an austenitischen Stählen und Legierungen
in Vorbereitung

HEFT 457
Prof. Dr. phil. F. Wever, Düsseldorf und Dr. phil. W. Wepner, Köln
Dämpfungsmessungen an schwach gereckten Eisen-Kohlenstoff-Legierungen
in Vorbereitung

HEFT 458
Prof. Dr.-Ing. H. Schenck und Dr.-Ing. E. Schmidtmann, Aachen
Das Frischen von Thomas-Roheisen mit Sauerstoff-Wasserdampf-Gemischen und die Eigenschaften der damit erblasenen Stähle
in Vorbereitung

HEFT 459
Prof. Dr. phil. F. Wever, Dr. phil. O. Krisement und Hanna Schädler, Düsseldorf
Ein isothermes Mikrokalorimeter zur kinetischen Messung von Umwandlungs- und Ausscheidungsvorgängen in Legierungen
in Vorbereitung

HEFT 460
Prof. Dr. phil. F. Wever und Dr. rer. nat. B. Ilschner, Düsseldorf
Ein isothermes Lösungskalorimeter zur Bestimmung thermo-dynamischer Zustandsgrößen von Legierungen
in Vorbereitung

HEFT 461
Prof. Dr.-Ing. habil. E. Piwowarski †, Prof. Dr.-Ing. W. Patterson und Dipl.-Ing. F. W. Iske, Aachen
Verbesserung der Zähigkeitseigenschaften von Bessemer-Stahlguß
in Vorbereitung

HEFT 462
Prof. Dr. rer. nat. J. Weissinger
Zur Aerodynamik des Ringflügels — II. Die Ruderwirkung
Zur Aerodynamik des Ringflügels — III. Der Einfluß der Profildicken
in Vorbereitung

HEFT 463
Dipl.-Ing. G. Plüss, Essen-Steele
Die Aufteilung der verbrennlichen Bestandteile in Verbrennungsgasen auf CO und H_2 bei Verbrennung mit Luftunterschuß und bei Luftüberschuß und künstlicher Flammenkühlung
in Vorbereitung

HEFT 464
Dr. phil. habil. P. Hölemann und Ing. R. Hasselmann, Dortmund
Die Möglichkeit der Zündung von Acetylen in Rohrleitungen beim Ausblasen mit Stickstoff
in Vorbereitung

HEFT 465
Dr.-Ing. R. Koch, Köln
Amerikanische Fertigungsunterlagen und ihre Werkstattreifmachung für deutsche Betriebe
in Vorbereitung

HEFT 466
Prof. Dr.-Ing. J. Mathieu, Aachen
Überbetrieblicher Verfahrensvergleich
in Vorbereitung

HEFT 467
Prof. Dr. Dr. h. c. E. Klenk und Dr. phil. H. Faillard, Köln
Neue Erkenntnisse über den Mechanismus der Zellinfektion durch Influenzavirus
Die Bedeutung der Neuraminsäure als Zellreceptor für das Influenzavirus
in Vorbereitung

HEFT 468
Prof. Dr. med. Dr. med. dent. G. Korkhaus und Dr. med. R. Alfter, Bonn
Die Vakuumwurzelbehandlung
in Vorbereitung

HEFT 469
Dr. sc. agr. F. Riemann und Dipl.-Volksw. R. Hengstenberg, Göttingen
Zur Industrialisierung kleinbäuerlicher Räume
1957, 130 Seiten, 5 Karten, 23 Tab., DM 27,—

HEFT 470
O. Wehrmann
Hitzdrahtmessungen in einer aufgespaltenen Kármánschen Wirbelstraße
in Vorbereitung

HEFT 471
Prof. Dr. phil. habil. A. Naumann, Dr.-Ing. A. Heyser und Dr. phil. Dipl.-Ing. W. Trommsdorf, Aachen
Der Überdruck-Windkanal in Aachen
in Vorbereitung

HEFT 472
Dipl.-Ing. A. Freitag, Essen-Steele
Verhalten von Katalytstrahlern bei Betrieb mit Luftvormischung zum Gas und der Verbrennung von Luft gegen eine Gasatmosphäre
in Vorbereitung

HEFT 473
Prof. Dr. phil. F. Wever, Dr.-Ing. W. Lueg und Dipl.-Ing. P. Funke jr. Düsseldorf
Versuche an einer hydraulischen 25 t-Stangenziehbank
in Vorbereitung

HEFT 474
Dr.-Ing. R. Ibing und Dipl.-Ing. G. Meier, Hannover
Eichung und Entwicklung von Staubentnahmesonden
in Vorbereitung

HEFT 475
Prof. Dipl.-Ing. W. Sturtzel, Obering. Helm und Dipl.-Ing. Heuser, Duisburg
Systematische Ruderversuche mit einem Schleppkahn und einem Binnenselbstfahrer vom Typ „Gustav Koenigs"
in Vorbereitung

HEFT 476
Prof. Dipl.-Ing. W. Sturtzel und Dipl.-Ing. Schmidt-Stiebitz, Duisburg
Einfluß der Hinterschiffsform auf das Manövrieren von Schiffen auf flachem Wasser
in Vorbereitung

HEFT 477
Dr. K. Utermann, Dortmund
Freizeitprobleme bei der männlichen Jugend einer Zechengemeinde
in Vorbereitung

HEFT 478
Prof. Dr.-Ing. habil. W. Petersen und Dr.-Ing. S. Wawroschek, Aachen
Brikettierungsversuche zur Erzeugung von Möllerbriketts unter Verwendung von Braunkohle
in Vorbereitung

HEFT 479
Prof. Dr.-Ing. W. Wegener, Aachen und Dipl.-Ing. H. Fourné, Bochum
Ursachen des Überschreitens der Toleranzgrenze nach oben oder unten (Meter pro Gramm) an der Strecke
in Vorbereitung

HEFT 480
Dr. phil. K. Brücker-Steinkuhl, Düsseldorf
Anwendung mathematisch-statistischer Verfahren bei der Fabrikationsüberwachung
in Vorbereitung

HEFT 481
Oberbaurat Dr.-Ing. W. Meyer zur Capellen, Aachen
Fünf- und sechspunktige Geradführung in Sonderlagen des ebenen Gelenkvierecks
in Vorbereitung

HEFT 482
Dipl.-Ing. R. Pels-Leusden und Dr. K. Bergmann, Essen
Die Frostbeständigkeit von Ziegeln; Einflüsse der Materialzusammensetzung und des Brandes
in Vorbereitung

HEFT 483
Prof. Dr.-Ing. habil. F. A. F. Schmidt, Aachen
Gemischbildungs-, Selbstzündungs- und Verbrennungsvorgänge als Grundlage für Entwicklungsarbeiten an Gasturbinenbrennkammern
in Vorbereitung

HEFT 484
Prof. Dr. habil H. E. Schwiete und Dr. G. Schwiete, Aachen
Beitrag zur Struktur des Montmorillonit
in Vorbereitung

HEFT 485
Prof. Dr. phil. E. Jenckel, Aachen, Dr. H. Wilsing, Dormagen, Dr. H. Dörffurt, Wesseling/Bez. Köln und Dipl.-Phys. H. Rinkens, Eschweiler
Kristallisation und Hochpolymeren
in Vorbereitung

HEFT 486
Doz. Dr. med. E. Lerche und Dr. med. J. Schulze, Aachen
Hörermüdung und Adaptation im Tierexperiment
in Vorbereitung

HEFT 487
Prof. Dipl.-Ing. W. Blume, Duisburg
Festigkeitseigenschaften kombinierter Leichtbaustoffe im Hinblick auf die Verkehrstechnik, insbesondere des Flugzeugbaus
in Vorbereitung

WESTDEUTSCHER VERLAG · KÖLN UND OPLADEN

If you have any concerns about our products,
you can contact us on
ProductSafety@springernature.com

In case Publisher is established outside the EU,
the EU authorized representative is:
**Springer Nature Customer Service Center GmbH
Europaplatz 3, 69115 Heidelberg, Germany**

Printed by Libri Plureos GmbH
in Hamburg, Germany